用微课学·Premiere Pro

陈 芳 倪 彤◎主 编

付文桂 孙嘉穗 汤 君◎副主编

電子工業出版社

Publishing House of Electronics Industry

北京·BEIJING

内 容 简 介

Premiere Pro（简称 PR）是 Adobe 公司开发的一款视频编辑软件，主要功能是视频修剪、颜色校正、音频混音、视觉特效、转场特效、色键抠像等。PR 被广泛应用于互联网、影视、广告及个人影视后期制作工作中。

本书采用案例实战的方式全面介绍PR的基本操作和综合应用技巧，共分为五个模块，从基本制作到抠像制作，共计 57 个任务、108 学时。本书特点为结果导向、任务驱动，讲练结合、学以致用，手把手教读者实操。57 个任务全部配有二维码，即扫即学。本书语言通俗易懂，以图说文，特别适合 PR 初学者学习，有 PR 基础的读者也可以从本书学到大量 PR 高级功能和新增功能。

本书依据学生专业能力发展需要，高度融合教与学，是一本新型活页式教材，以真实项目综合实训的方式展开介绍，既方便教师对教学内容进行自由组合，也方便学生自学，同时还可作为职业院校 1+X 新媒体编辑职业技能等级标准（初级、中级、高级）培训教材，并可作为数字媒体应用技术、动漫制作技术等电子信息、电子商务相关专业的“教、学、做、评”合一的理论和实践一体化教材。

图书在版编目（CIP）数据

用微课学·Premiere Pro 案例教程 / 陈芳，倪彤主编. —北京：电子工业出版社，2022.10

ISBN 978-7-121-44421-0

Ⅰ.①用… Ⅱ.①陈… ②倪… Ⅲ.①视频编辑软件－中等专业学校－教材 Ⅳ.①TN94

中国版本图书馆 CIP 数据核字（2022）第 190471 号

责任编辑：柴　灿　　　特约编辑：田学清
印　　刷：中煤（北京）印务有限公司
装　　订：中煤（北京）印务有限公司
出版发行：电子工业出版社
　　　　　北京市海淀区万寿路 173 信箱　　　邮编：100036
开　　本：880×1 230　1/16　印张：12.25　字数：274.4 千字
版　　次：2022 年 10 月第 1 版
印　　次：2024 年 1 月第 2 次印刷
定　　价：46.80 元

凡所购买电子工业出版社图书有缺损问题，请向购买书店调换。若书店售缺，请与本社发行部联系，联系及邮购电话：（010）88254888，88258888。

质量投诉请发邮件至 zlts@phei.com.cn，盗版侵权举报请发邮件至 dbqq@phei.com.cn。

本书咨询联系方式：（010）88254550，zhengxy@phei.com.cn。

PREFACE

前　言

近年来，互联网、电影、电视等相关领域的影视制作行业有了长足的发展，同时视频编辑与后期制作技术突飞猛进。国内传媒行业的快速发展使社会对影视制作行业从业人员的需求量不断增加。

Premiere Pro 作为一款优秀的视频编辑软件，在“互联网+”时代得到广泛应用。在数字化、影视化逐渐成为主流的今天，由于其可与 Adobe 公司的其他软件（包括 Photoshop、illustrator、Audition 和 After Effects 等）实现无缝结合，加上 Adobe 公司通用的操作风格，以及易于上手和良好的人机交互等特性，因此深受广大用户的喜爱。

本书共分为五个模块，精选了量大面广的 57 个任务，全面介绍 Premiere Pro 2021 的工作流程、操作基础、功能提升和外部拓展。本书按照任务目标→任务导入→任务准备→任务实施→任务评价“五步曲”展开介绍，注重对所学知识的练习、巩固，并帮助读者提高实战技能，从而使读者在视频编辑及后期制作等领域能制作出符合行业规范和要求的作品。

本书提供配套的在线开放课程，方便读者进行线上和线下的混合式学习，关于书中所有案例的素材文件和教学视频，以及与各任务配套的思维导图教案，读者均可上线使用和下载。同时全部学习资源有二维码相对应，即扫即学。以下为本书教学内容及学时参考。

模　块	内　容	学　时	总 学 时	编 写 人 员
模块一　基本制作	任务一　PR 界面及环境设置	2	22	倪彤 陈芳
	任务二　导入素材	1		
	任务三　新建序列	1		
	任务四　分割、分离素材	2		
	任务五　转场效果	2		
	任务六　添加字幕	2		
	任务七　局部变色	2		
	任务八　调节音量	2		
	任务九　解说配音	2		
	任务十　快捷键小结	2		
	任务十一　连续滑动动画	2		
	任务十二　折叠变换	2		

续表

模　块	内　容	学　时	总学时	编写人员
模块二 动画制作	任务一　认识关键帧	1	24	付文桂
	任务二　创建关键帧	1		
	任务三　移动关键帧	2		
	任务四　删除关键帧	2		
	任务五　复制关键帧	2		
	任务六　关键帧临时插值	2		
	任务七　关键帧空间插值	2		
	任务八　制作贺岁 GIF 动画	2		
	任务九　制作简单 3D 相册	2		
	任务十　制作字幕文字动画	2		
	任务十一　制作头像动画	2		
	任务十二　制作淡入淡出效果	2		
	任务十三　制作运动会片头动画	2		
模块三 转场制作	任务一　水墨转场	2	26	陈芳 付文桂
	任务二　亮度键转场	2		
	任务三　左右无缝转场	2		
	任务四　笔刷效果转场	2		
	任务五　渐变擦除转场	2		
	任务六　划出转场	2		
	任务七　制作快闪转场	2		
	任务八　玻璃划过转场	2		
	任务九　变速转场	2		
	任务十　卡点动画转场	2		
	任务十一　模糊变速转场	2		
	任务十二　眨眼转场	2		
	任务十三　错位转场	1		
	任务十四　切片转场	1		
模块四 分屏制作	任务一　倾斜三分屏	2	20	陈芳 孙嘉穗
	任务二　多尺寸三分屏	2		
	任务三　画中画分屏	2		
	任务四　斜分三分屏	2		
	任务五　对角四分屏	2		
	任务六　半圆三分屏	2		
	任务七　对角二分屏	2		
	任务八　水平等分三分屏	2		
	任务九　多方向四分屏	2		
	任务十　多画面分屏	2		
模块五 抠像制作	任务一　Alpha 调整	2	16	倪彤 汤君
	任务二　亮度键	2		
	任务三　颜色键	2		
	任务四　轨道遮罩键	2		
	任务五　超级键	2		
	任务六　撕纸转场	2		
	任务七　弹边动效	2		
	任务八　渐变填色	2		
总计			108	

本书由四川省成都市郫都区友爱职业技术学校陈芳、安徽理工大学倪彤担任主编，四川省成都市郫都区友爱职业技术学校孙嘉穗、成都市新津区职业高级中学付文桂、安徽当涂经贸学校汤君担任副主编。由于时间仓促，疏漏之处在所难免，恳请广大读者提出宝贵意见。

编　者

CONTENTS

目　录

模块一

基本制作

任务一　PR 界面及环境设置

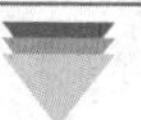

	学习领域：基本制作	班级：	姓名：
		地点：	日期：

任务目标

1. 熟悉 Premiere Pro（简称 PR）界面的五大板块；
2. 掌握面板的定制和切换；
3. 掌握“首选项”的主要设置；
4. 优化作业环境，提高操作效率。

任务导入

登录哔哩哔哩（bilibili）官方网站（以下简称 B 站），感受 PR 作品的艺术之美。

任务准备

准备计算机并安装 PR。

任务实施

步骤	说明或截图
❶启动 PR，出现如右图所示的界面，该界面一共包括五大板块：“项目”面板、“工具”面板、“时间轴”面板、“节目”面板及“效果控件”面板。	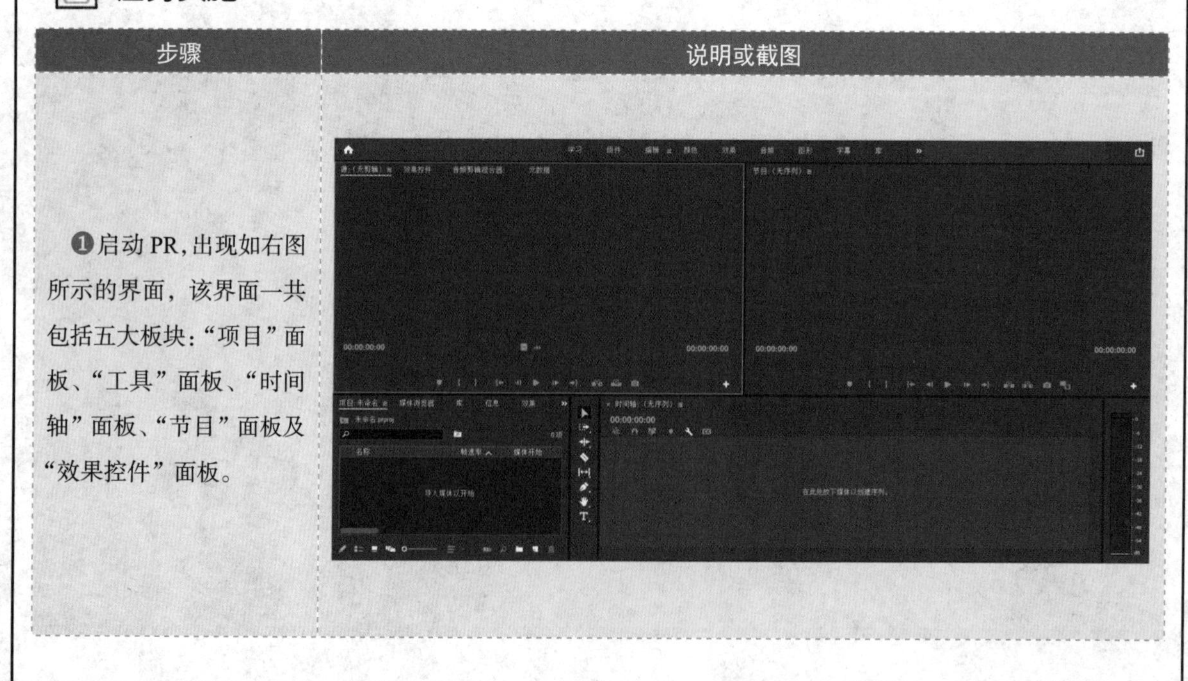

❷“项目”面板主要用于各类素材的输入，如图片、音频和视频等。	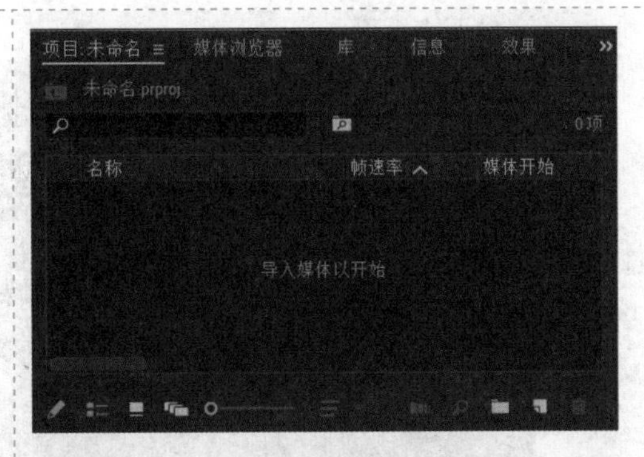
❸“工具”面板主要提供了素材分割、图形绘制及文字输入等工具。	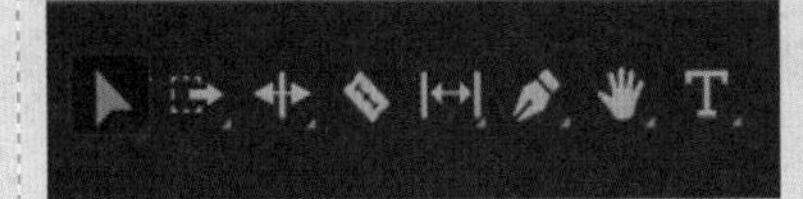
❹“时间轴”面板主要用于素材的编辑及排列，是 PR 的主要工作区域。	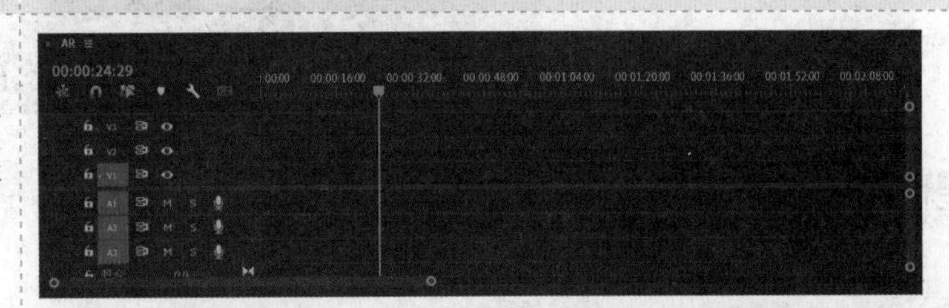
❺“节目”面板用于展示视频剪辑及特效添加之后的效果，以便用户实时做出调整。	
❻“效果控件”面板用于对素材对象的属性及特效参数做进一步设定。	

❼选择“编辑”→“首选项”命令，打开“首选项”对话框。

在此可对 PR 的操作环境进行定制，如静止图像默认持续时间、默认媒体缩放、自动保存时间间隔等。

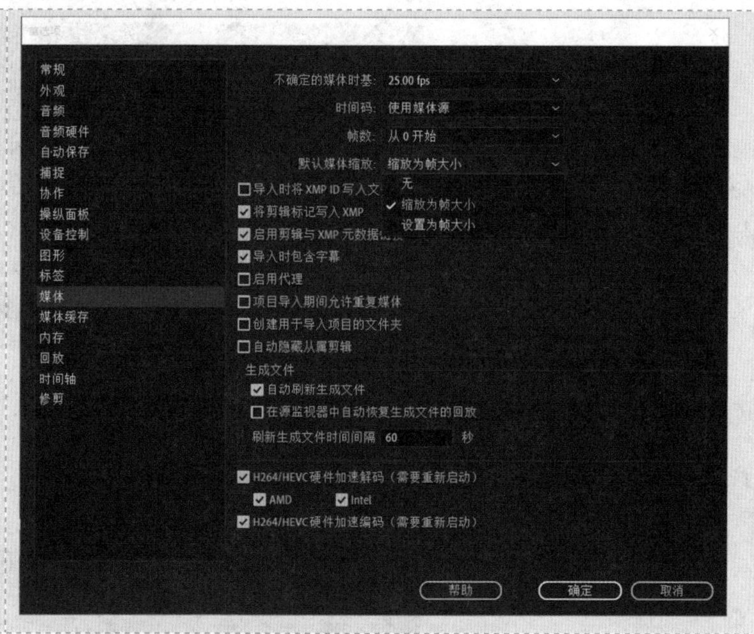

任务评价

1. 自我评价

□ 熟悉 PR 界面的五大板块

□ 掌握“编辑”与“图形”标签页的切换

□ 找到“项目”面板中的“新建项”按钮

□ 在“工具”面板中找到“剃刀工具”和“文字工具”按钮

□ 在“节目”面板中找到“播放”“暂停”“导出帧”按钮

□ 在“效果控件”面板中找到“运动”“不透明度”等属性

□ 了解“效果”标签页和“源”标签页的功能

2. 教师评价

工作页完成情况：□ 优 □ 良 □ 合格 □ 不合格

任务二 导入素材

	学习领域：基本制作	班级：	姓名：
		地点：	日期：

任务目标

1. 熟悉 PR 导入素材的方法；
2. 掌握 PR 素材的类型；
3. 学会对素材进行分类整理；
4. 养成良好、严谨的工作规范。

任务导入

登录公益素材网站，检索并下载素材。

任务准备

熟悉 PR 操作规范。

任务实施

步骤	说明或截图
❶启动 PR，在“项目”面板的空白区域中双击或右击，在弹出的快捷菜单中选择“导入”命令打开“导入”对话框。	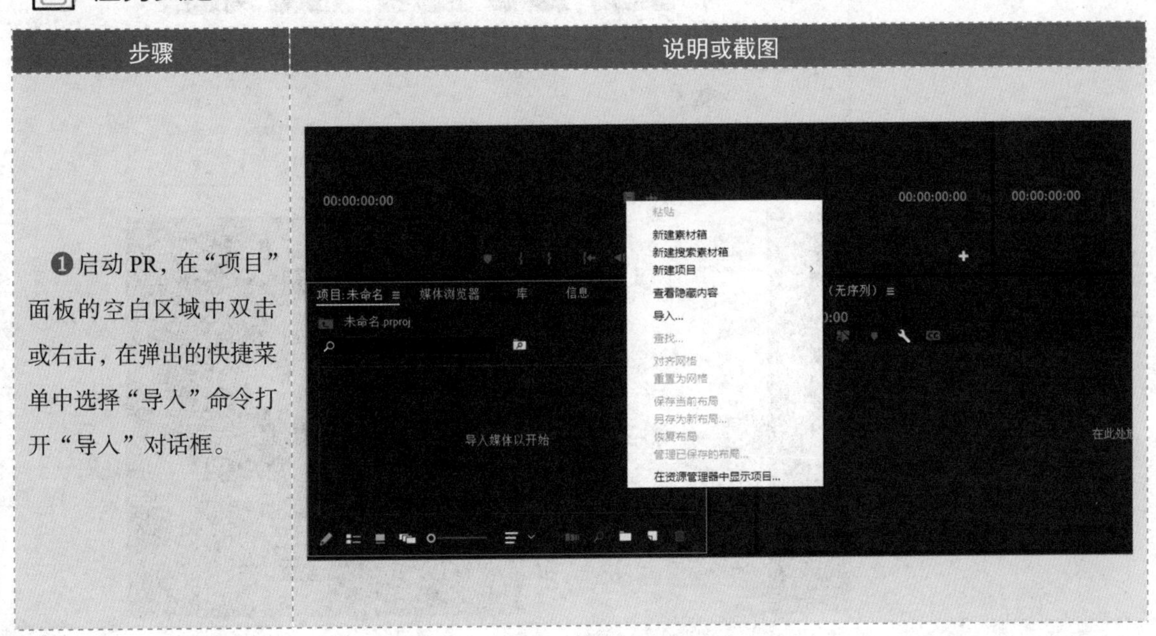

模块一 基本制作

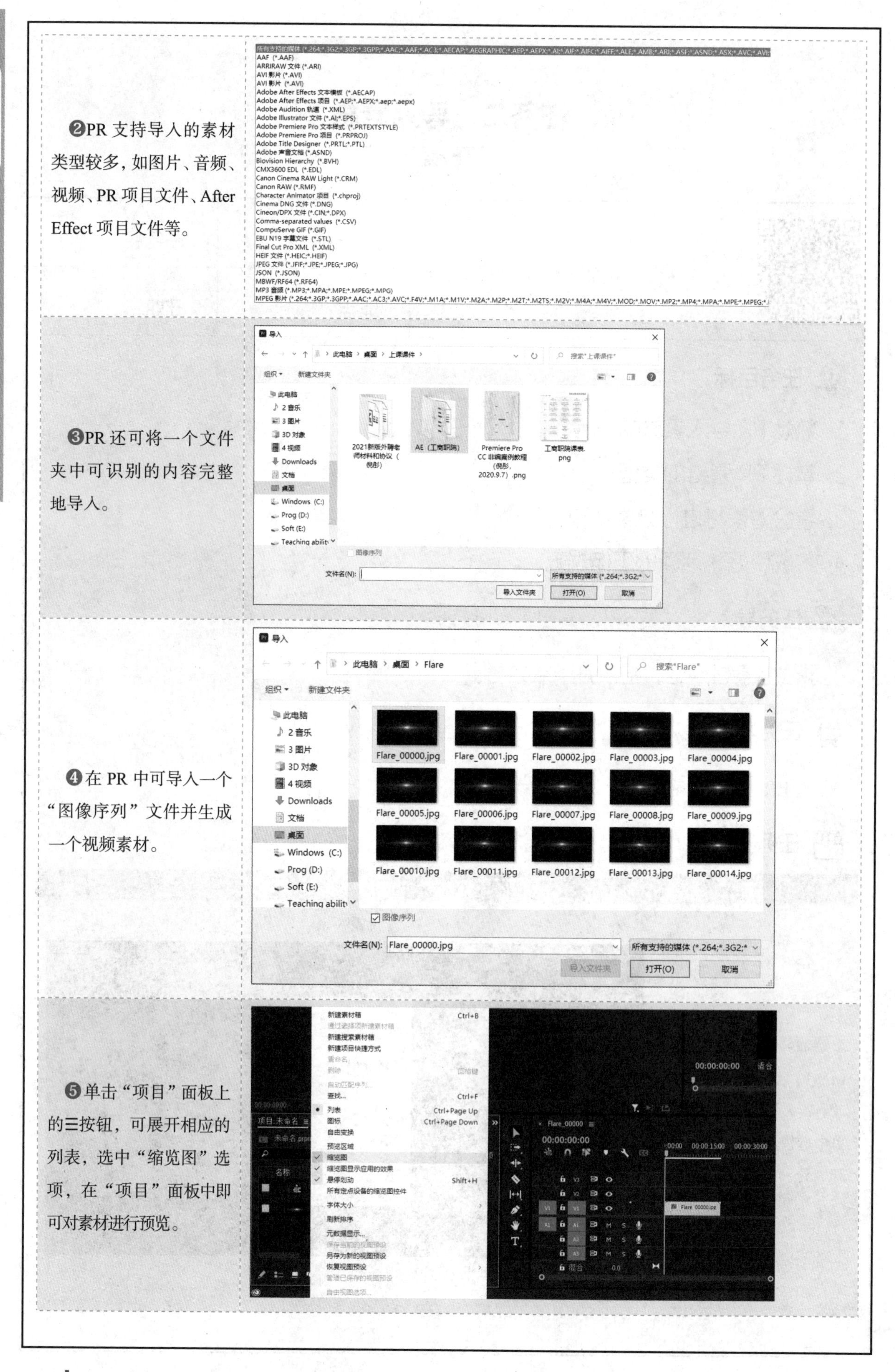

❷PR支持导入的素材类型较多，如图片、音频、视频、PR项目文件、After Effect项目文件等。

❸PR还可将一个文件夹中可识别的内容完整地导入。

❹在PR中可导入一个“图像序列”文件并生成一个视频素材。

❺单击“项目”面板上的三按钮，可展开相应的列表，选中“缩览图”选项，在“项目”面板中即可对素材进行预览。

❻单击“项目”面板下方的“新建素材箱”按钮，可建立若干个文件夹，从而实现对素材的分类管理。

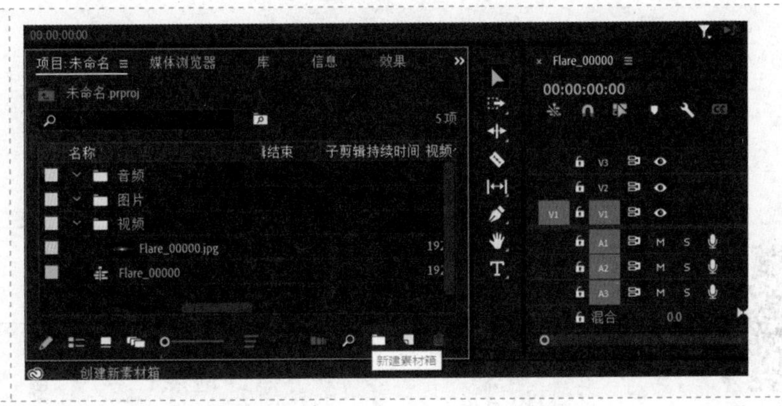

任务评价

1. 自我评价

□ 掌握 PR 导入素材的 3 种方法

□ 学会 Photoshop、PR、After Effect 项目文件的导入方法

□ 掌握“图像序列”文件的导入方法

□ 掌握素材“缩览图”的用法

□ 学会分类建立素材文件夹

□ 能切换素材的“按钮视图”和“列表视图”

2. 教师评价

工作页完成情况：□ 优 □ 良 □ 合格 □ 不合格

任务三　新建序列

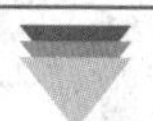

	学习领域：基本制作	班级：	姓名：
		地点：	日期：

任务目标

1. 掌握 PR 新建序列的 3 种方法；
2. 掌握“新建序列”对话框的组成；
3. 学会设置序列；
4. 培养严谨、规范的作业流程。

任务导入

序列是 PR 项目落地的必选项，即 PR 必须依托序列进行剪辑操作。

任务准备

在 PR 中以 3 种不同的方法新建序列。

任务实施

步骤	说明或截图
❶启动 PR，在“项目”面板中导入图片素材 01.jpg。 选择“新建项”→“序列”选项，打开“新建序列”对话框。	

❷在“序列预设”标签页中有多种序列模板供用户选择，如 HDV 720p25，即分辨率为 1280px × 720px（16 : 9），帧速率为 25.00 帧/秒。

❸在“设置”标签页中，可采用“自定义”编辑模式满足特定的视频输出需求。

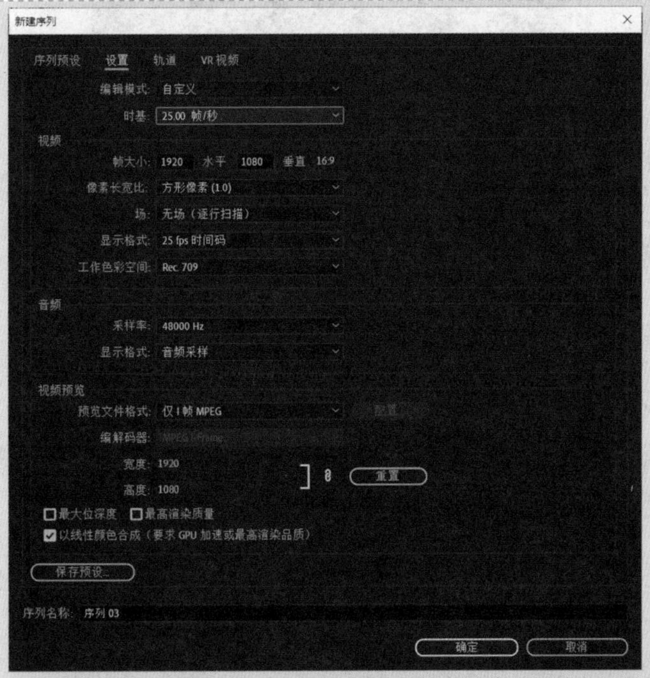

❹在 PR 中新建序列的第 2 种方法是将“项目”面板上的素材拖至时间轴上，创建一个同名的序列。

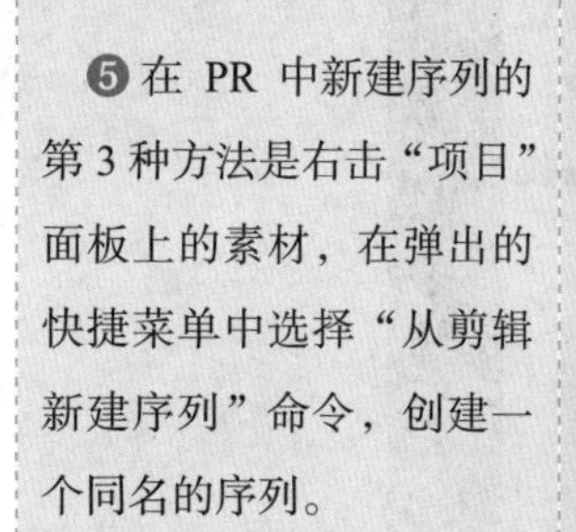

❺在 PR 中新建序列的第 3 种方法是右击“项目”面板上的素材，在弹出的快捷菜单中选择“从剪辑新建序列”命令，创建一个同名的序列。

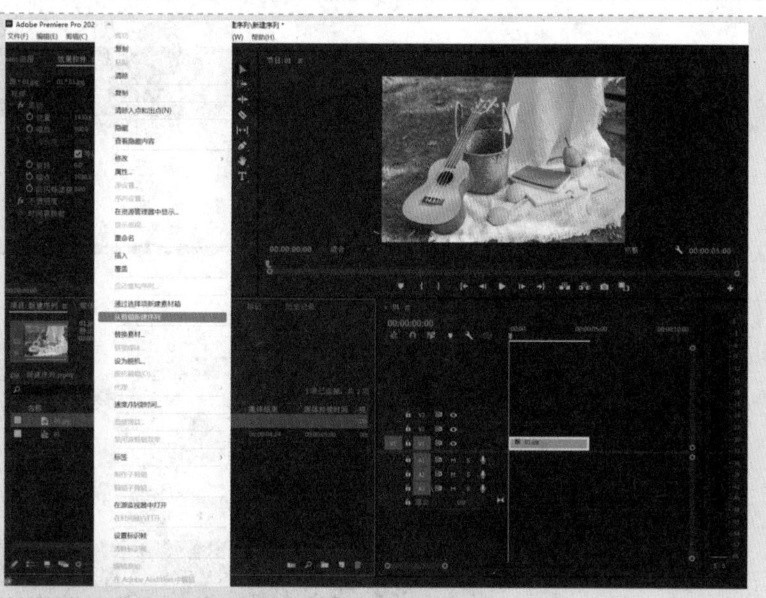

❻选择“序列”→“序列设置”命令，在打开的“序列设置”对话框中可对当前序列预设的参数进行调整。

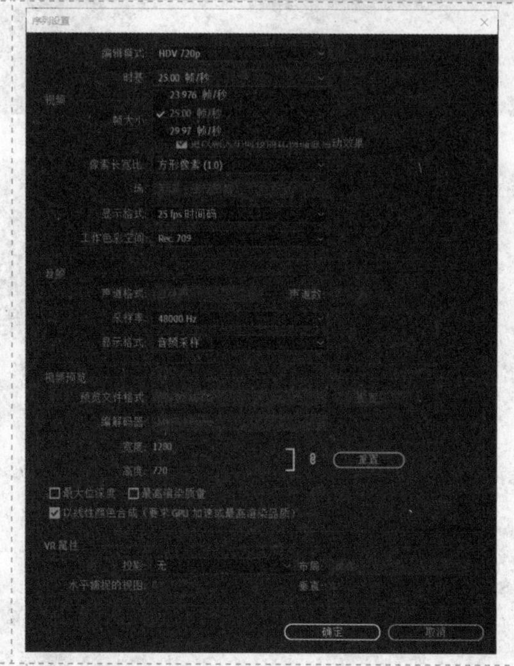

任务评价

1. 自我评价

☐ 掌握 PR 新建序列的 3 种方法 ☐ 学会选用序列模板

☐ 掌握“自定义”编辑模式的用法 ☐ 学会调整“序列设置”对话框中的参数

☐ 拓展学习“平行时间轴” ☐ 拓展学习“自动重构序列”

2. 教师评价

工作页完成情况：☐ 优 ☐ 良 ☐ 合格 ☐ 不合格

任务四　分割、分离素材

	学习领域：基本制作	班级：	姓名：
		地点：	日期：

任务目标

1. 掌握分割、分离素材常用的方法；
2. 掌握分割素材工具及快捷键的使用；
3. 学会使用“场景编辑检测”命令自动分割素材；
4. 学会利用高版本软件的高性能来提高劳动生产率。

任务导入

在 PR 中，分割、分离素材是使用频率很高的操作，学生不仅要学会使用工具和命令，而且要学会相应的快捷键操作。

任务准备

在 PR 中使用命令对素材进行分离，并使用工具和命令两种不同的方式对素材进行分割。

任务实施

步骤	说明或截图
❶启动 PR，在“项目”面板中导入一个视频素材；将素材拖至时间轴上，创建一个新的序列。	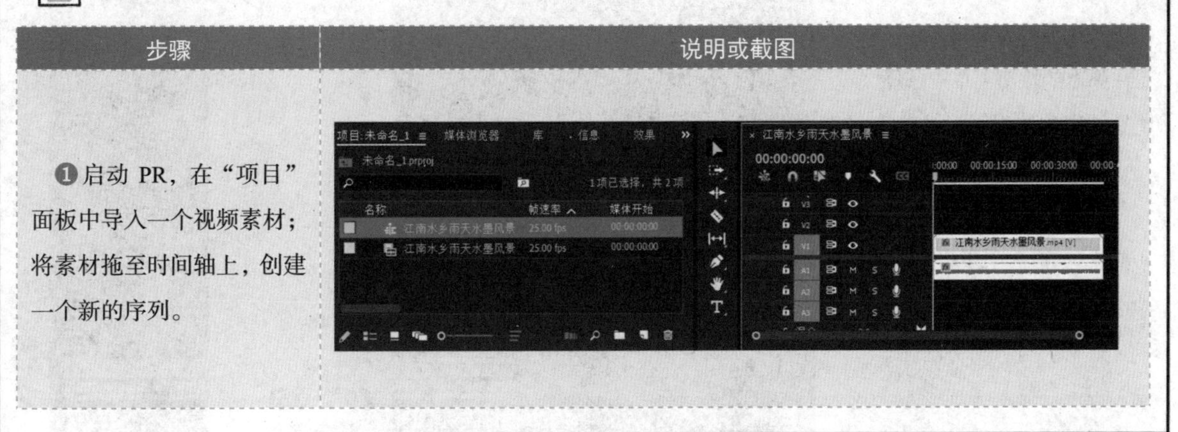

❷ 右击时间轴上的素材，在弹出的快捷菜单中选择“取消链接”命令，可将素材的音频、视频轨道分离。

注：在按住 Alt 键的同时单击音频或视频素材，也可将素材的音频、视频轨道分离。

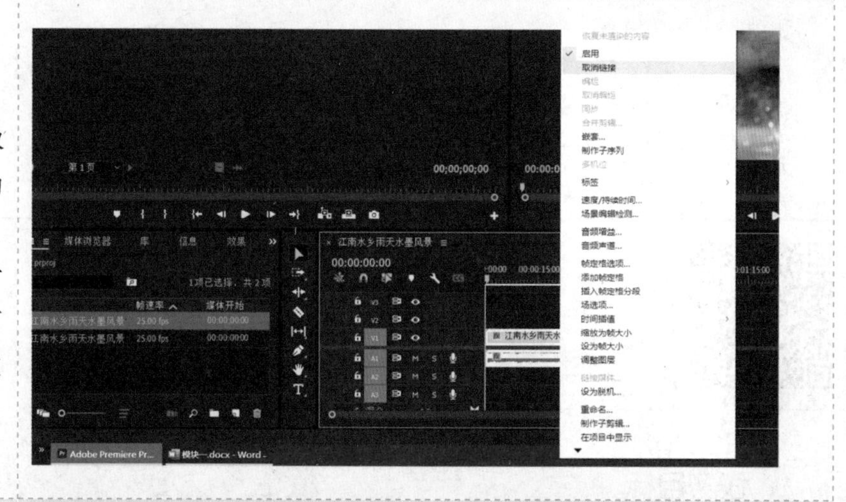

❸ 将播放指示器移至指定的位置，单击“剃刀工具”按钮，再单击时间轴上的素材，即可对素材进行分割。

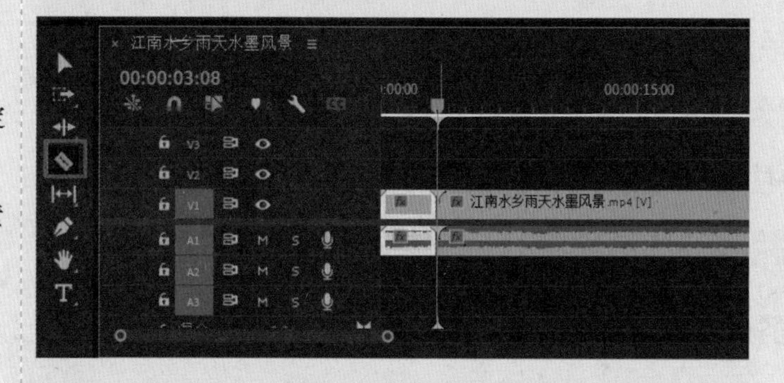

❹ 分割素材常用的快捷键是“Ctrl+K”。

如果对多层素材进行分割，那么用“Ctrl+Shift+K”快捷键。

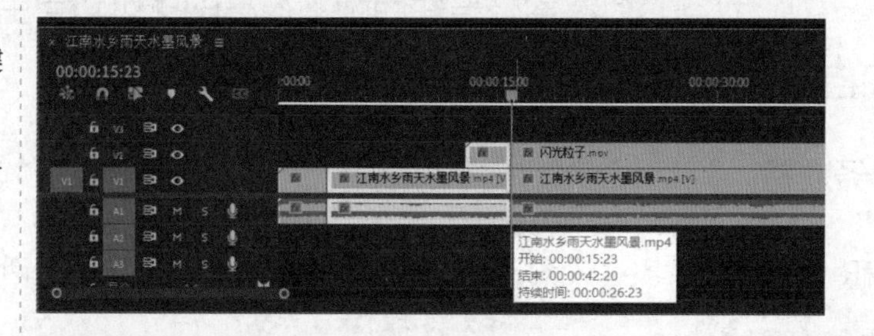

❺ 在时间轴上右击从“项目”面板中拖曳过来的素材，在弹出的快捷菜单中选择“场景编辑检测”命令，打开“场景编辑检测”对话框。

勾选“从每个检测到的修剪点创建子剪辑素材箱”复选框，单击“分析”按钮，对素材进行分析并分割。

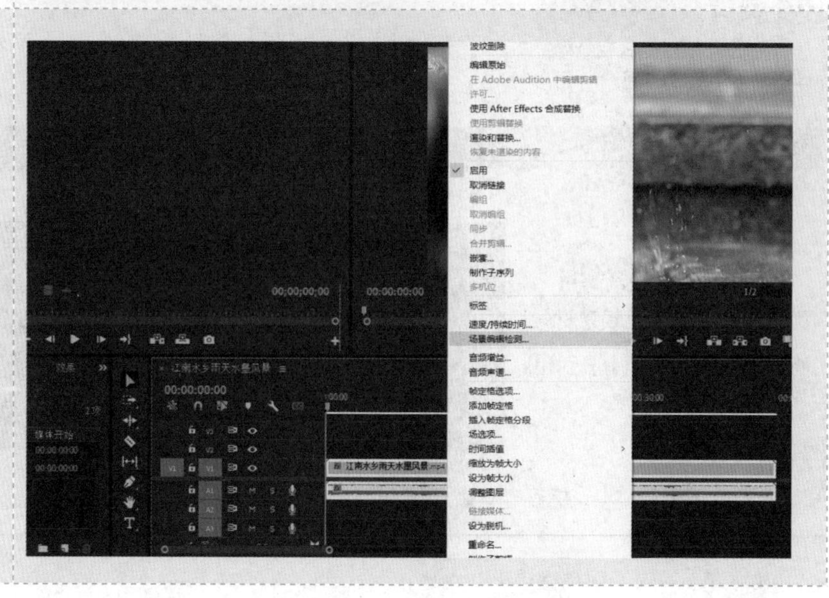

场景编辑检测

自动检测拼合素材中的场景变化。

输出

☐ 在每个检测到的剪切点应用剪切

☑ 从每个检测到的修剪点创建子剪辑素材箱

☐ 在每个检测到的剪切点生成剪辑标记

分析　取消

场景编辑检测

正在分析剪辑…

取消

❻分析结束后，在“项目”面板中自动创建了一个文件夹，其中存放的就是自动分割的素材。

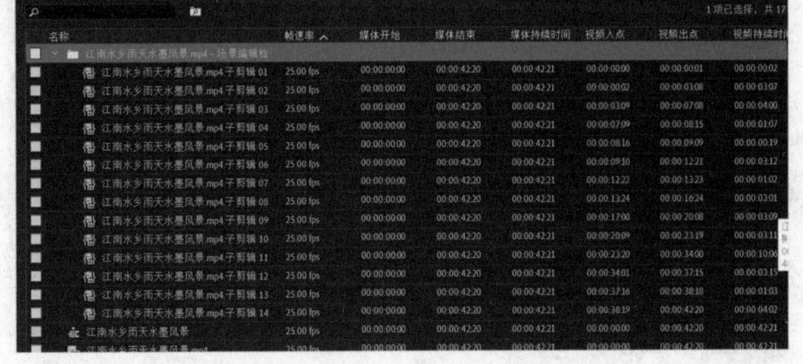

项目:未命名_1　媒体浏览器　库　信息　效果　标记　历史记录

未命名_1.prproj

1项已选择，共17

名称	帧速率	媒体开始	媒体结束	媒体持续时间	视频入点	视频出点	视频持续时间
江南水乡雨天水墨风景.mp4 - 场景编辑检							
江南水乡雨天水墨风景.mp4.子剪辑 01	25.00 fps	00:00:00:00	00:00:42:20	00:00:42:21	00:00:00:00	00:00:00:01	00:00:00:02
江南水乡雨天水墨风景.mp4.子剪辑 02	25.00 fps	00:00:00:00	00:00:42:20	00:00:42:21	00:00:00:02	00:00:03:08	00:00:03:07
江南水乡雨天水墨风景.mp4.子剪辑 03	25.00 fps	00:00:00:00	00:00:42:20	00:00:42:21	00:00:03:09	00:00:07:08	00:00:04:00
江南水乡雨天水墨风景.mp4.子剪辑 04	25.00 fps	00:00:00:00	00:00:42:20	00:00:42:21	00:00:07:09	00:00:08:15	00:00:01:07
江南水乡雨天水墨风景.mp4.子剪辑 05	25.00 fps	00:00:00:00	00:00:42:20	00:00:42:21	00:00:08:16	00:00:09:09	00:00:00:19
江南水乡雨天水墨风景.mp4.子剪辑 06	25.00 fps	00:00:00:00	00:00:42:20	00:00:42:21	00:00:09:10	00:00:12:21	00:00:03:12
江南水乡雨天水墨风景.mp4.子剪辑 07	25.00 fps	00:00:00:00	00:00:42:20	00:00:42:21	00:00:12:22	00:00:13:23	00:00:01:02
江南水乡雨天水墨风景.mp4.子剪辑 08	25.00 fps	00:00:00:00	00:00:42:20	00:00:42:21	00:00:13:24	00:00:16:24	00:00:03:01
江南水乡雨天水墨风景.mp4.子剪辑 09	25.00 fps	00:00:00:00	00:00:42:20	00:00:42:21	00:00:17:00	00:00:20:08	00:00:03:09
江南水乡雨天水墨风景.mp4.子剪辑 10	25.00 fps	00:00:00:00	00:00:42:20	00:00:42:21	00:00:20:09	00:00:23:19	00:00:03:11
江南水乡雨天水墨风景.mp4.子剪辑 11	25.00 fps	00:00:00:00	00:00:42:20	00:00:42:21	00:00:23:20	00:00:34:00	00:00:10:06
江南水乡雨天水墨风景.mp4.子剪辑 12	25.00 fps	00:00:00:00	00:00:42:20	00:00:42:21	00:00:34:01	00:00:37:15	00:00:03:15
江南水乡雨天水墨风景.mp4.子剪辑 13	25.00 fps	00:00:00:00	00:00:42:20	00:00:42:21	00:00:37:16	00:00:38:18	00:00:01:03
江南水乡雨天水墨风景.mp4.子剪辑 14	25.00 fps	00:00:00:00	00:00:42:20	00:00:42:21	00:00:38:19	00:00:42:20	00:00:04:02
江南水乡雨天水墨风景	25.00 fps	00:00:00:00	00:00:42:20	00:00:42:21	00:00:00:00	00:00:42:20	00:00:42:21
江南水乡雨天水墨风景.mp4	25.00 fps	00:00:00:00	00:00:42:20	00:00:42:21	00:00:00:00	00:00:42:20	00:00:42:21

任务评价

1. 自我评价

☐ 掌握音频、视频素材分离的两种方法

☐ 掌握素材分割的 3 种方法

☐ 掌握“Alt”键在分离素材时的用法

☐ 学会用“剃刀工具”分割素材

☐ 学会使用“Ctrl+K”或“Ctrl+Shift+K”快捷键分割素材

☐ 掌握场景素材自动分割的操作

2. 教师评价

工作页完成情况：☐ 优 ☐ 良 ☐ 合格 ☐ 不合格

任务五　转场效果

	学习领域：基本制作	班级：	姓名：
		地点：	日期：

任务目标

1. 掌握设置转场（过渡）效果的常用方法；
2. 掌握视频转场的基本操作；
3. 学会使用“Ctrl+D”快捷键批量设置转场效果；
4. 通过自己的努力打造完美的视频作品。

任务导入

观摩抖音等平台上发布的影视作品，感受转场效果的精妙绝伦。

任务准备

在 PR 中以预设和默认两种不同的方式对两个素材的结合部分进行转场（过渡）效果设置。

任务实施

步骤	说明或截图
❶启动 PR，在“项目”面板中导入一个文件夹；文件夹中包含一批图片和音频文件。	

❷在“项目”面板中选中全部图片并将其拖至V1 轨道上，选中音频文件并将其拖至 A1 轨道上；将播放指示器移至图片末尾，按“Ctrl+K”快捷键分割音频并删除后半部分，使 V1、A1 轨道长度对齐。

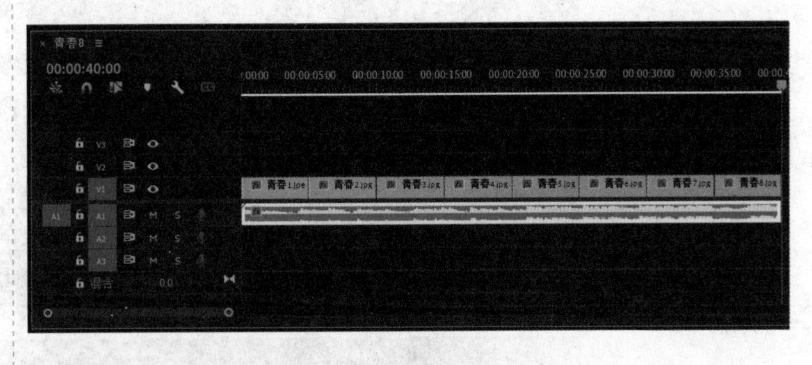

❸打开“项目”面板中的“效果”标签页，选择“视频过渡→溶解→黑场过渡”选项并将其分别拖至第 1 张图片的开头和第 8 张图片的末尾，形成淡入淡出效果。

❹在两个素材之间可添加各种预设的“视频过渡”效果，如选择“视频过渡”→“沉浸式视频”→“VR 球形模糊”选项，添加 VR 球形模糊效果。

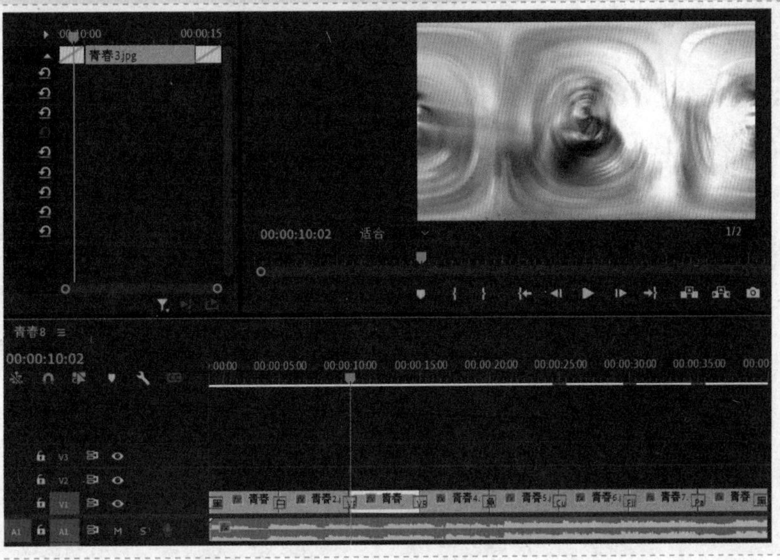

❺在“效果控件”面板中可对各种预设的“视频过渡”效果的属性进行调整。

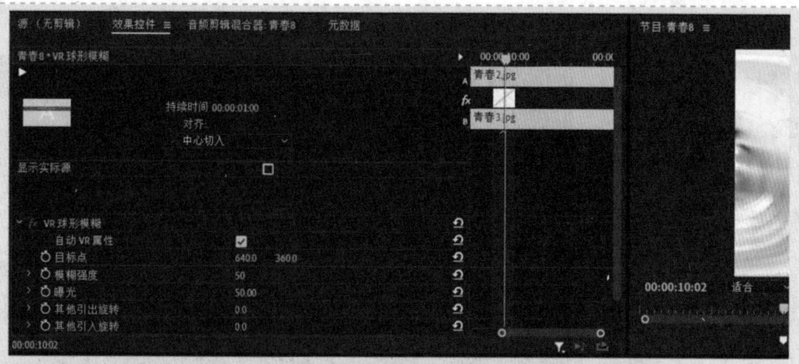

❻在“效果”标签页中，选择“视频过渡”→“沉浸式视频”选项，然后选中某一视频过渡效果并右击，将所选过渡效果设置为默认过渡效果，按“Ctrl+D”快捷键，即可将默认过渡效果添加至两个素材之间以及素材片段的首尾。

任务评价

1. 自我评价

□ 掌握导入文件夹的操作

□ 掌握 V、A 轨道对象的排列和对齐方法

□ 掌握视频过渡效果的分类及构成

□ 掌握在“效果控件”面板中调整转场效果的操作

□ 学会使用“Ctrl+D”快捷键批量设置转场效果

□ 能将所选过渡效果设置为默认过渡效果

2. 教师评价

工作页完成情况：□ 优 □ 良 □ 合格 □ 不合格

任务六　添加字幕

	学习领域：基本制作	班级：	姓名：
		地点：	日期：

任务目标

1. 掌握添加字幕的两种方法；
2. 学会使用“文字工具”添加字幕；
3. 掌握通过“源文本”设置动画的方法；
4. 学会使用“字幕”标签页及其上的模板添加字幕；
5. 学会使用“图文混排”的方法高效、准确地传达信息。

任务导入

观摩并分析优秀的影视作品可以发现，其在片头、片尾和需要注释的地方都会出现字幕。

任务准备

在 PR 中以“文字工具”和功能面板两种不同的方式初步添加文字注释。

任务实施

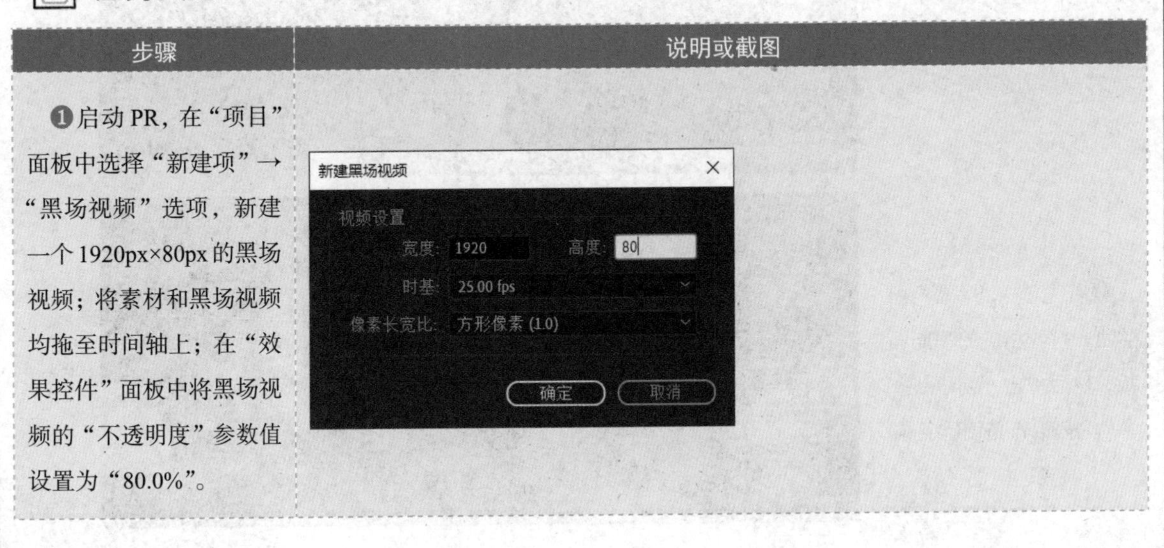

步骤	说明或截图
❶启动 PR，在“项目”面板中选择“新建项”→“黑场视频”选项，新建一个 1920px×80px 的黑场视频；将素材和黑场视频均拖至时间轴上；在“效果控件”面板中将黑场视频的“不透明度”参数值设置为“80.0%”。	

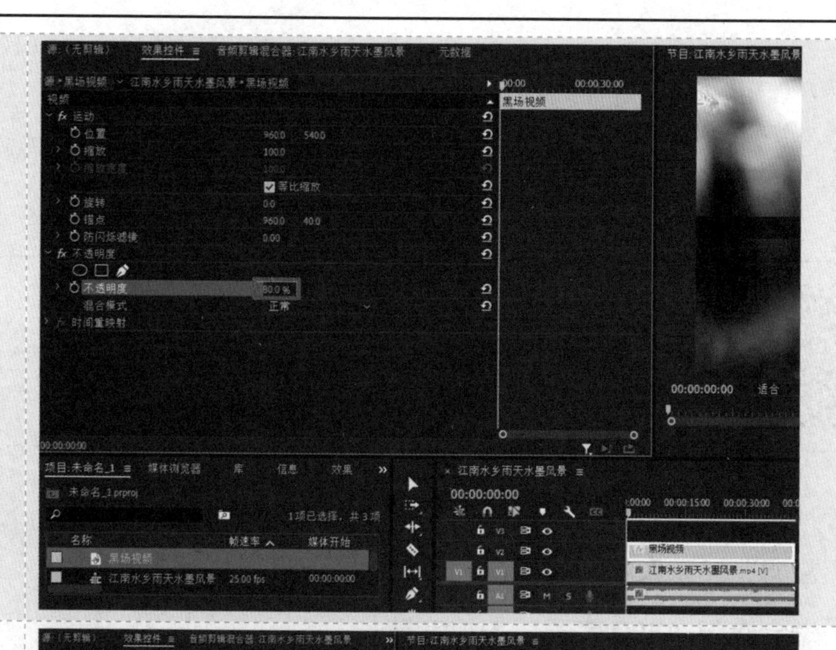

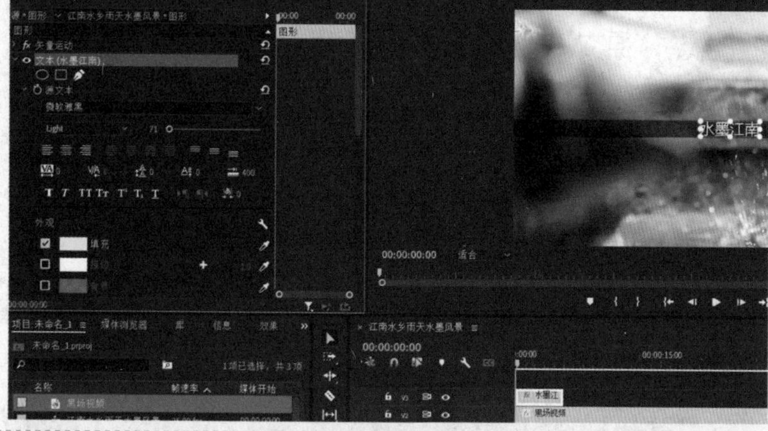

❷使用“文字工具”输入文本，在“效果控件”面板中对文本的属性（如字体、字号和颜色等）进行设置，形成字幕效果。

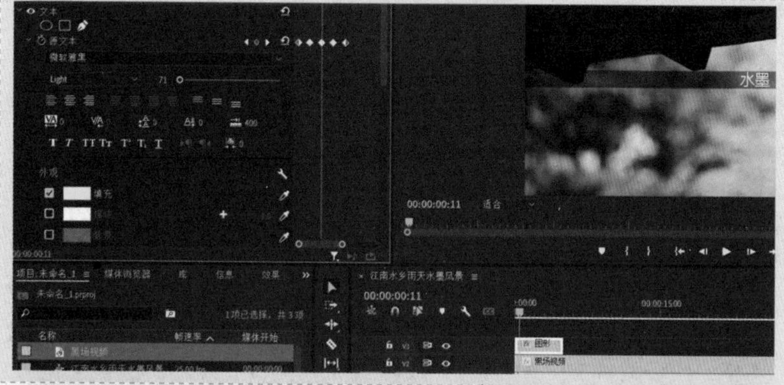

❸在“效果控件”面板中为“源文本”设置5个关键帧，对应关键帧上的字数分别为0～4，形成逐个文本出现的动画效果。

❹首先单击“字幕”标签页，打开相应的功能面板，然后单击“创建新字幕轨”按钮，准备创建字幕。

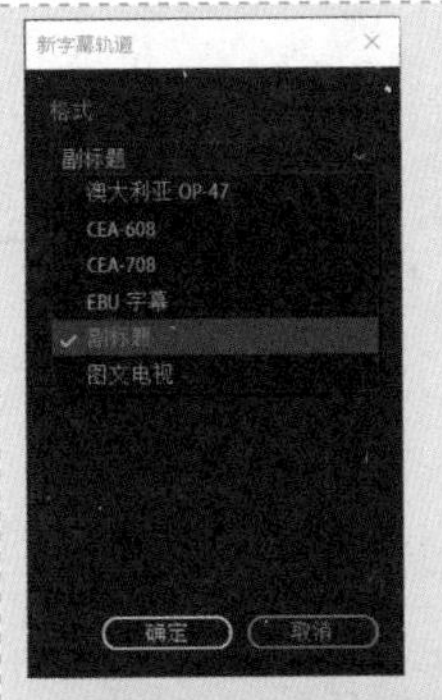

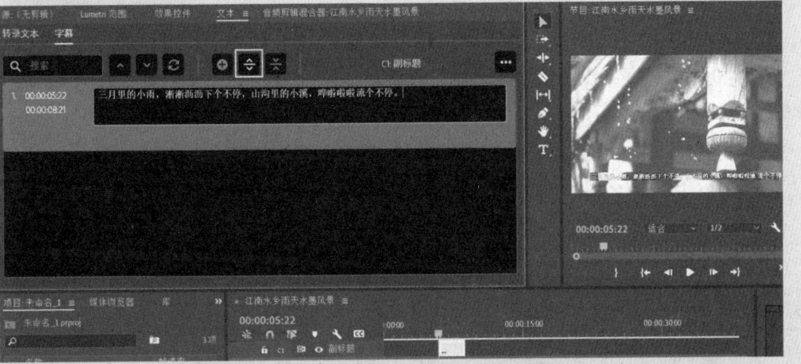

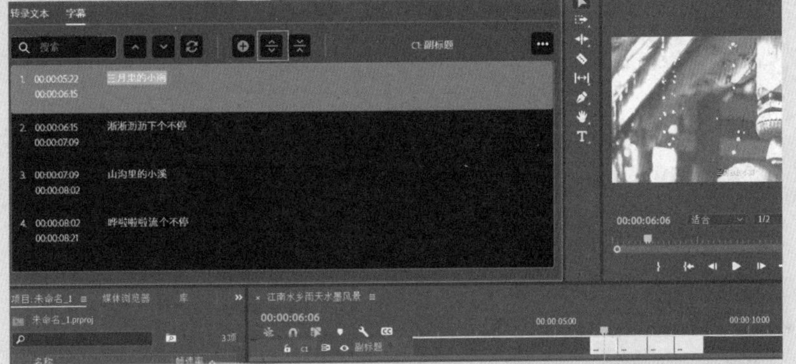

❺在打开的“新字幕轨道”对话框中，选择“副标题”选项，并单击“确定”按钮；在字幕输入界面中输入文本，单击“拆分字幕”按钮，将字幕文本拆分为多行并按照时间顺序排列整齐。

❻选中轨道上的全部文本，在界面右侧的“基本图形”标签页中，对文本的属性（如字体、字号和颜色等）加以设置；在轨道上，可以通过拖曳鼠标的方式改变每行文本的播放时长。

任务评价

1. 自我评价

□ 掌握添加字幕的两种方法

□ 掌握“文字工具”的用法

□ 学会在“效果控件”面板中调整文本属性

□ 掌握通过“源文本”设置动画的方法

□ 学会使用“字幕”标签页及其上的模板添加字幕

□ 掌握在“基本图形”标签页中调整文本属性的方法

2. 教师评价

工作页完成情况：□ 优 □ 良 □ 合格 □ 不合格

任务七　局部变色

	学习领域：基本制作	班级：	姓名：
		地点：	日期：

任务目标

1. 掌握利用“色彩”或“更改为颜色”属性进行调色的方法；
2. 掌握利用“Lumetri 颜色”标签页进行调色的方法；
3. 学会使用丰富的颜色表现大千世界的美。

任务导入

PR 的调色操作主要是围绕色相、饱和度和明度 3 个参数进行的，完全能够满足人们对颜色调整的大众化、专业化需求。

任务准备

在 PR 的“颜色校正”中包含多种颜色调整方法，尤其是 PR 高版本中的“Lumetri”项，调色功能十分强大。

任务实施

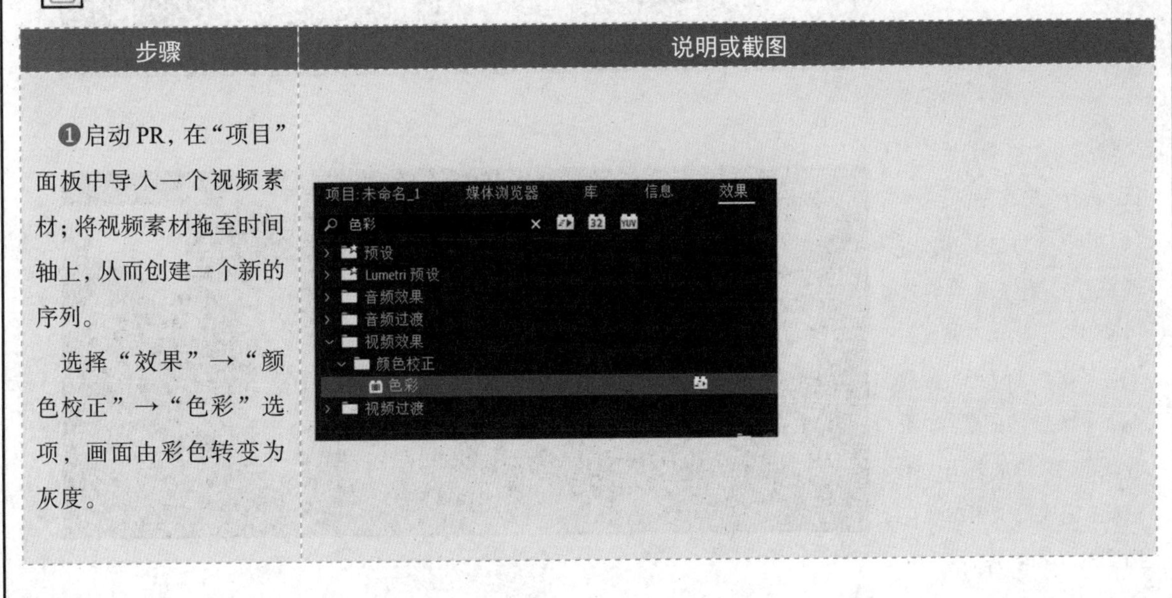

步骤	说明或截图
❶启动 PR，在“项目”面板中导入一个视频素材；将视频素材拖至时间轴上，从而创建一个新的序列。 选择“效果”→“颜色校正”→“色彩”选项，画面由彩色转变为灰度。	

❷打开“效果控件”面板，单击“色彩”→“着色量”选项前面的关键帧记录器，在素材首尾各设置一个关键帧，将其值设定为 100%～0，从而产生从灰度到彩色变换的动画效果。

❸ 导入一个图片素材并将其拖至时间轴上；打开“效果”标签页，选择“视频效果”→“过时”→“更改为颜色”选项并将其拖至图片上。

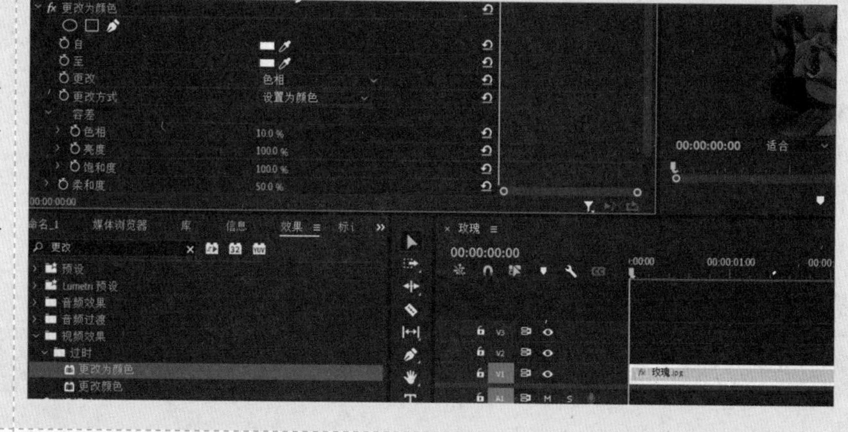

❹打开“效果控件”面板，选择“更改为颜色”→“容差”→“色相”属性，调整“色相”参数值为“100.0%”；单击“更改为颜色”属性下“至”参数前面的关键帧记录器，更改颜色，并添加若干个关键帧，完成玫瑰素材颜色渐变的动画效果。

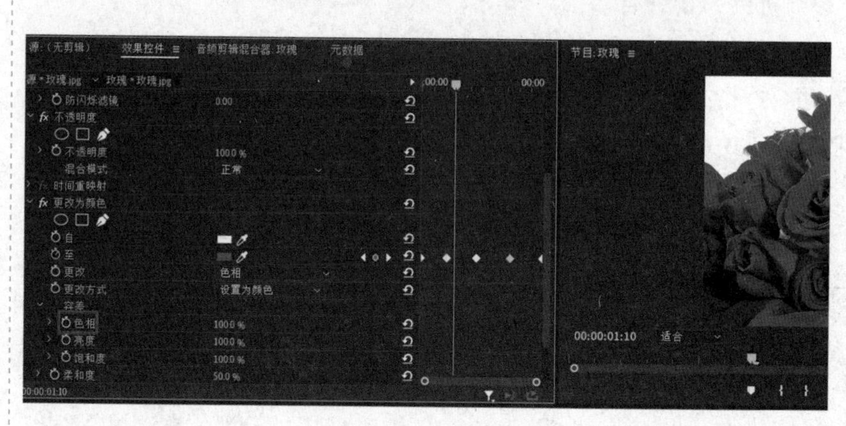

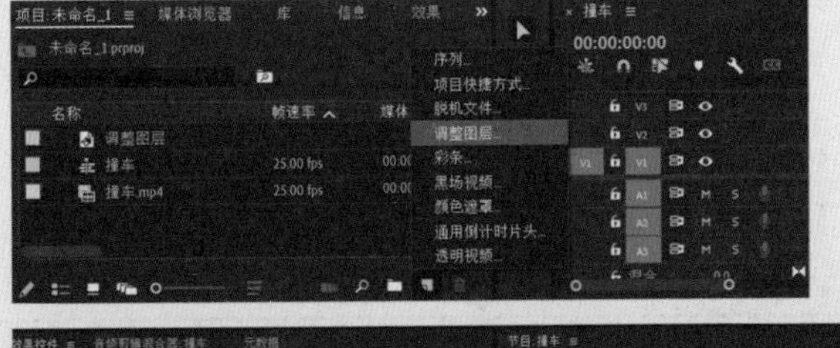

❺将视频素材拖至时间轴上，创建一个新的序列；在“项目”面板中新建一个调整图层，将其拖至时间轴上并保持被选中状态。

❻切换到“颜色”标签页，在界面右侧的“Lumetri 颜色”标签页的“色相与色相”处用吸管工具在车身上吸取颜色并调整曲线，完成汽车车身的变色处理。

任务评价

1. 自我评价

☐ 掌握利用“色彩”属性进行调色的方法

☐ 掌握利用“更改为颜色”属性进行调色的方法

☐ 学会设置渐变动画

☐ 学会使用“颜色”标签页

☐ 掌握“Lumetri 颜色”标签页中的曲线调色方法

2. 教师评价

工作页完成情况：☐ 优 ☐ 良 ☐ 合格 ☐ 不合格

任务八　调节音量

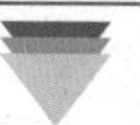

	学习领域：基本制作	班级：	姓名：
		地点：	日期：

任务目标

1. 掌握在音频轨道中调节音量的方法；
2. 掌握在“效果控件”面板中调节音量的方法；
3. 掌握声音的降噪处理方法，提高声音的品质。

任务导入

观摩众多平台上的短视频作品，不难发现，声音是短视频中不可或缺的组成部分，对提高作品的品质有极其重要的意义。

任务准备

在 PR 时间轴的音频轨道（A）中包含多种音量调节方法，尤其是在 PR 高版本的“音频”标签页中，包含强大的音量调节功能。

任务实施

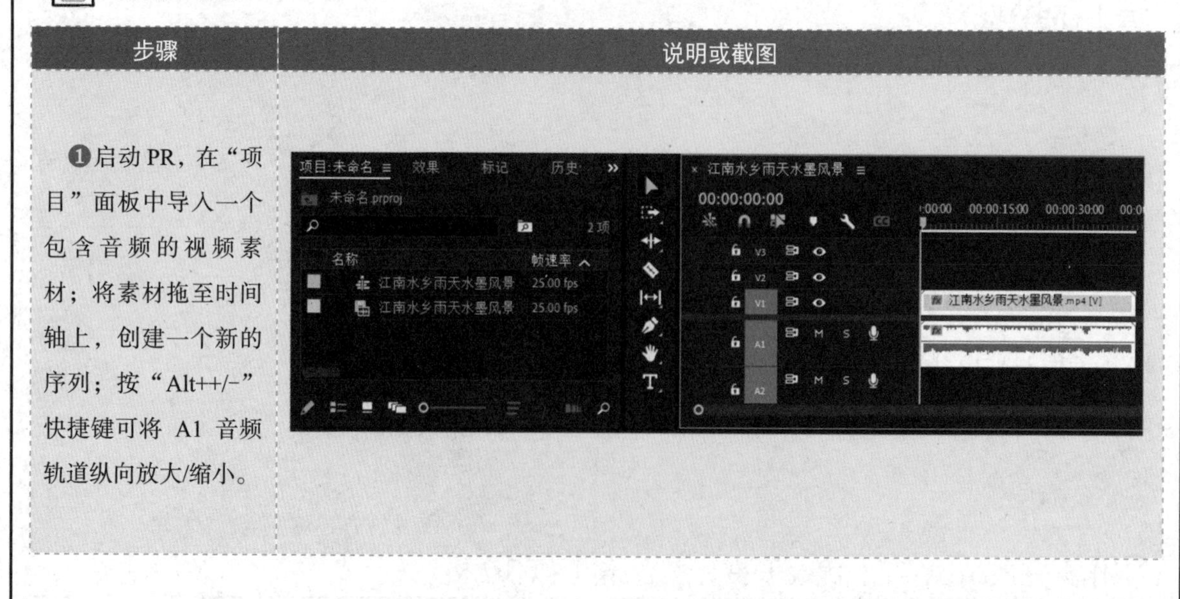

步骤	说明或截图
❶启动 PR，在“项目”面板中导入一个包含音频的视频素材；将素材拖至时间轴上，创建一个新的序列；按“Alt++/−”快捷键可将 A1 音频轨道纵向放大/缩小。	

❷使用“钢笔工具”或在按“Ctrl”键的同时单击“选择工具”按钮，在音频轨道上设置 4 个关键帧，调整成如右图所示的梯形，完成声音的淡入淡出效果。

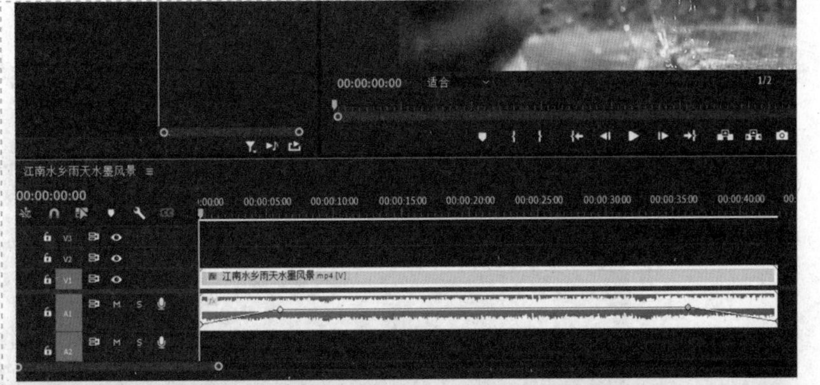

❸打开“效果控件”面板，通过调整“音频”→“音量”→“级别”参数值可以方便地对音量进行调节。

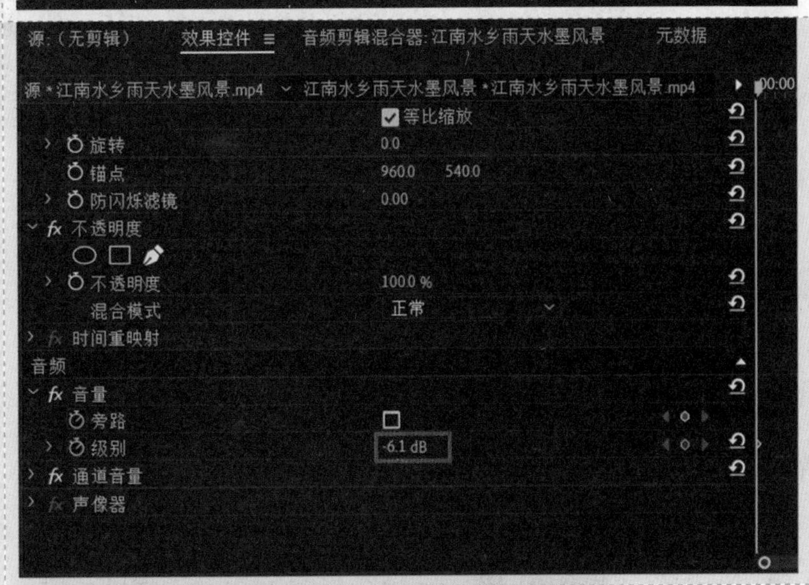

❹打开“效果”标签页，选择“音频效果”→“降杂/恢复”→“降噪”选项，将其拖至需要降噪的素材上。

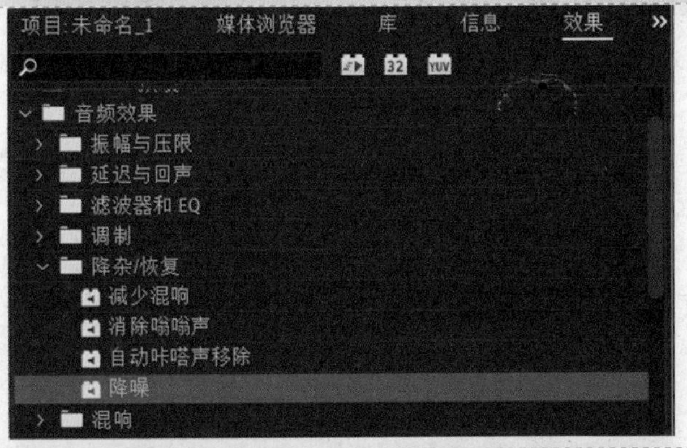

❺打开“效果控件”面板，选择“降噪”→“自定义设置”参数，单击“编辑”按钮，打开“剪辑效果编辑器-降噪”对话框。

在“预设”下拉列表中选择“强降噪”选项，完成声音的降噪处理。

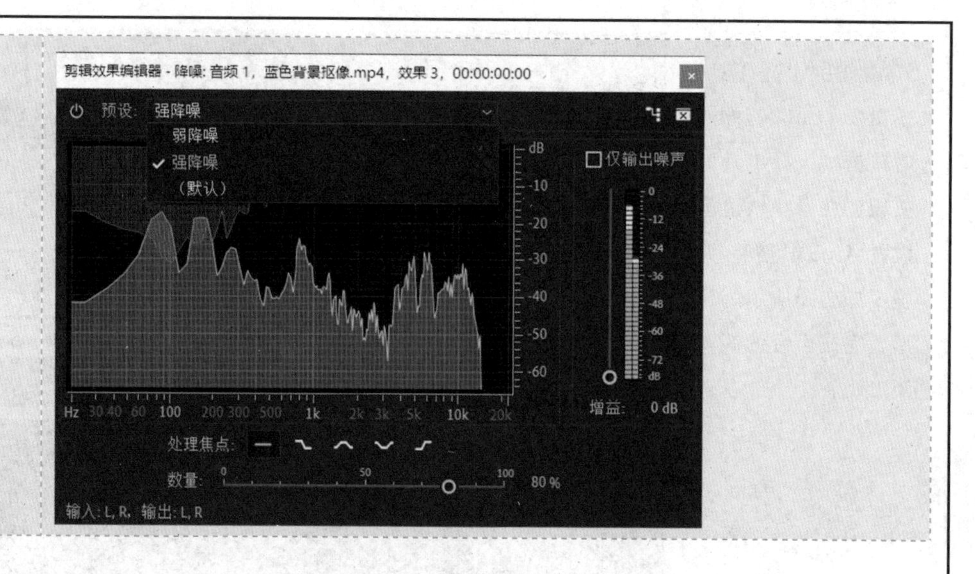

任务评价

1. 自我评价

□ 掌握音频轨道纵向调整的方法

□ 掌握在音频轨道中调节音量的方法

□ 掌握在“效果控件”面板中调节音量的方法

□ 掌握声音的降噪处理方法

□ 了解“音频”属性的构成

2. 教师评价

工作页完成情况：□ 优 □ 良 □ 合格 □ 不合格

任务九　解说配音

	学习领域：基本制作	班级：	姓名：
		地点：	日期：

任务目标

1. 掌握 PR 的“首选项”→“音频硬件”选项卡中各选项的调整方法；
2. 学会在 PR 中进行录音、降噪；
3. 掌握“音频”标签页中“配音”的操作；
4. 用美妙的声音歌唱世界。

任务导入

本任务主要围绕 PR 中的音频硬件设置、录音及配音等操作展开介绍。

任务准备

台式机要配备麦克风、音箱等硬件设备。

任务实施

步骤	说明或截图
❶启动 PR，在“项目”面板中导入一个包含音频的视频素材；将素材拖至时间轴上，创建一个新的序列，当按空格键进行预览时，音频仪表发生波动，但听不见声音。	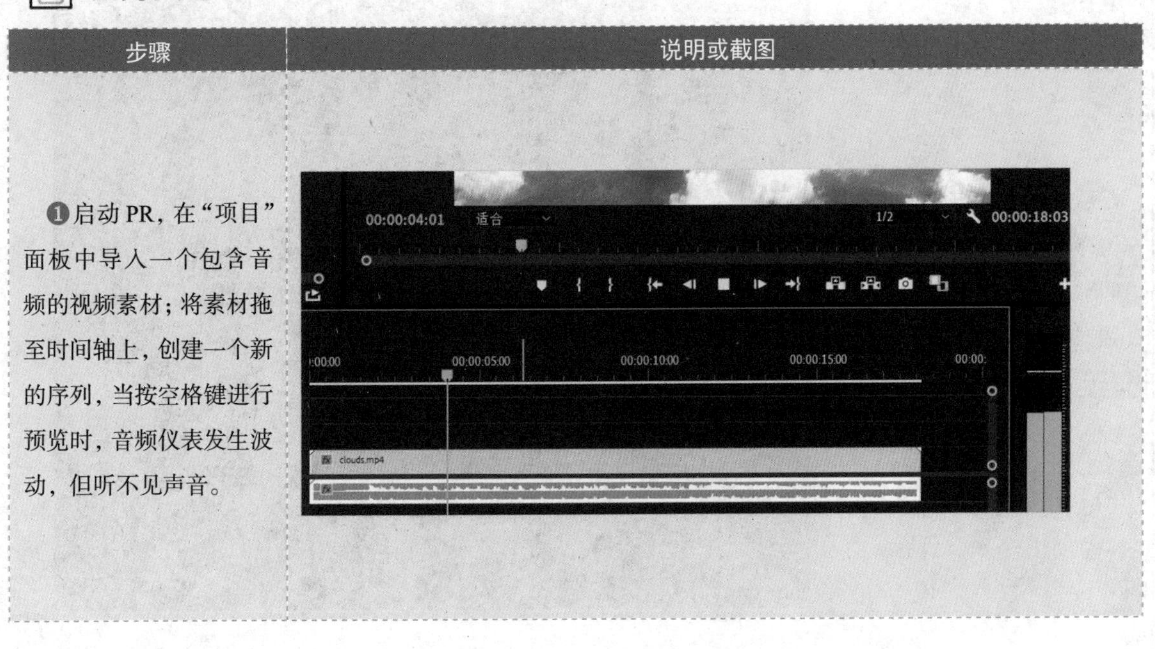

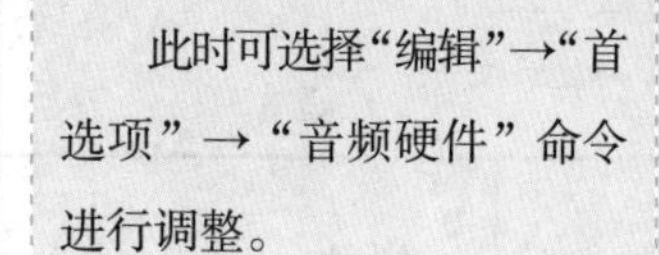

此时可选择“编辑”→“首选项”→“音频硬件”命令进行调整。

❷打开“首选项”对话框，选择“音频硬件”选项，将“默认输入”设置为“无输入”，将“默认输出”设置为“系统默认-扬声器（Conexant SmartAudio HD）”，单击“确定”按钮，完成声音的输出设置。

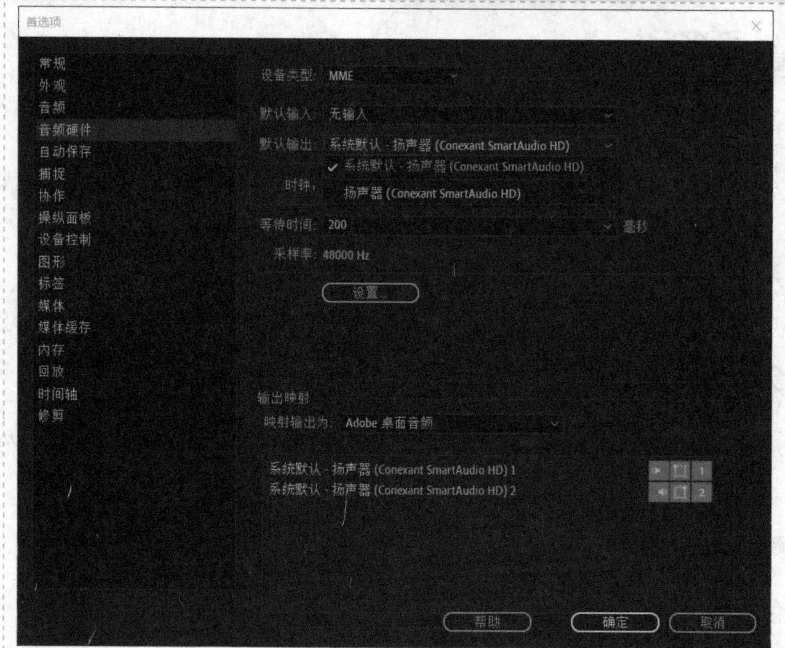

❸打开“首选项”对话框，选择“音频”选项，勾选“时间轴录制期间静音输入”复选框，确保进行无回声的高品质声音录制。

❹ 在时间轴的音频轨道的“画外音录制”按钮上右击，在弹出的快捷菜单中选择“画外音录制设置”命令，打开“画外音录制设置”对话框；将“源”设置为“系统默认-麦克风阵列（Conexant SmartAudio HD）”。

❺ 单击“画外音录制”按钮，开始进行高品质的PR录音。

❻ 在进行“录音”操作的音频轨道下方添加一个背景音乐（BGM），按空格键播放，此时声音被淹没在背景音乐中。

❼ 首先选中进行“录音”操作的音频轨道，然后打开“音频”标签页，在右侧的“基本声音”标签页下单击“对话”按钮；选中“背景音乐”音频轨道，在右侧的“基本声音”标签页下单击“音乐”按钮，勾选“回避”复选框，单击“生成关键帧”按钮；按空格键测试配音的效果，可听到当说话声音响起时，背景音乐自动弱化；当没有说话声音时，背景音乐自动加强，从而达到很好的配音效果。

任务评价

1. 自我评价

☐ 掌握“首选项”→“音频硬件”中各选项的调整方法

☐ 掌握“首选项”→“音频”中各选项的调整方法

☐ 掌握“画外音录制”按钮的应用

☐ 学会使用音频轨道进行录音

☐ 学会在 PR 中进行配音

☐ 掌握“音频”标签页中“配音”的操作

2. 教师评价

工作页完成情况：☐ 优 ☐ 良 ☐ 合格 ☐ 不合格

任务十　快捷键小结

	学习领域：基本制作	班级：	姓名：
		地点：	日期：

任务目标

1. 掌握 PR 中常用的快捷键操作；
2. 掌握 PR 中文件类操作常用的快捷键；
3. 掌握 PR 中剪辑类操作常用的快捷键；
4. 学会使用快捷键，以提升工作效率。

任务导入

PR 的熟练操作者都是驾驭快捷键的高手。

任务准备

本任务以 Premiere Pro 版本为例，介绍 PR 快捷键的用法。

注：PR 中的某些快捷键会与某些中文输入状态下的快捷键发生冲突，导致操作者无法正常使用，所以需要将输入法切换为英文输入状态以保证操作者能正常使用。

任务实施

步骤	说明或截图
❶启动 PR，按“Ctrl+Alt+K”快捷键，打开“键盘快捷键”对话框。	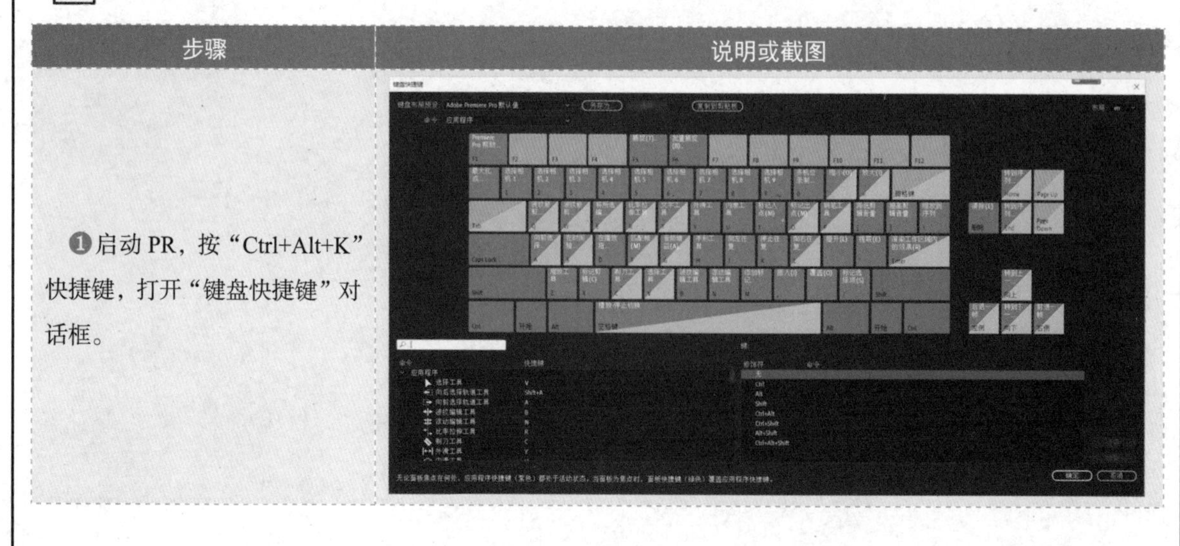

❷PR 中文件类操作常用的快捷键如右栏所示。	Ctrl+Alt+N：新建项目； Ctrl+N：新建序列； Ctrl+S：保存项目文件； Ctrl+I：导入素材文件； Ctrl+M：导出媒体文件。
❸PR 中剪辑类操作常用的快捷键如右栏所示。	Ctrl+K：分割素材； Ctrl+Shift+K：分割选中的多个素材； Shift+Delete：波纹删除； Ctrl+D/Shift+D：设置默认转场效果； Ctrl+L：取消链接（音频、视频轨道）； 上/下方向键：跳转至前/后一个分割点； 左/右方向键：向前/向后移动 1 帧； Shift+左/右方向键：向前/向后移动 5 帧； M：添加标记； Ctrl+Alt+M：删除所选标记； Alt+鼠标左键：复制素材； Ctrl+后半段素材：交换前后素材的位置。

任务评价

1. 自我评价

□ 学会查阅 PR 中的快捷键

□ 掌握快捷键的重新定义方法

□ 掌握文件类操作常用的快捷键

□ 掌握剪辑类操作常用的快捷键

□ 学会避开与中文输入状态下的快捷键发生冲突的问题

□ 了解 PR 中更多的快捷键，如工具类快捷键

2. 教师评价

工作页完成情况：□ 优 □ 良 □ 合格 □ 不合格

任务十一　连续滑动动画

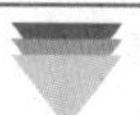

	学习领域：基本制作	班级：	姓名：
		地点：	日期：

任务目标

1. 熟悉在 PR 中“效果”→“视频效果”→“颜色校正”效果的组成；
2. 熟悉在 PR 中“效果”→“视频效果”→“扭曲”效果的组成；
3. 熟悉在 PR 中“效果”→“视频效果”→“过时”效果的组成；
4. 灵活运用 PR 中的选项实现“裁剪”“色彩”“偏移”“百叶窗”效果；
5. 学会在连续滑动的动画中突出重点，以引发关注。

任务导入

观摩 B 站的连续滑动动画作品，感受突出重点、引发关注的重要性。

任务准备

分析 B 站中连续滑动动画类作品的创作流程和技术手法。

任务实施

步骤	说明或截图
❶在 PR 中导入一个视频素材，将其拖至时间轴上，新建一个序列。 打开“效果”标签页，将“裁剪”效果添加至视频素材上；在“效果控件”面板中调整“裁剪”属性的参数，形成如右图所示的正方形。	

❷ 选中素材，按“Alt”键并向上拖曳素材，将素材分别复制到 V2 和 V3 轨道上；打开“效果”标签页，将“色彩”效果添加至视频素材上；在“效果控件”面板中调整“色彩”和“运动”属性的参数。

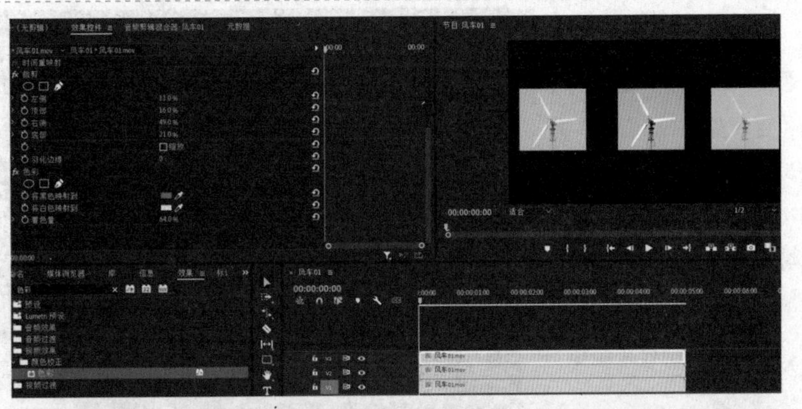

❸将V1～V3轨道上的视频素材同时选中并右击，在弹出的快捷菜单中选择“嵌套”命令，在打开的对话框中设置嵌套序列名称。

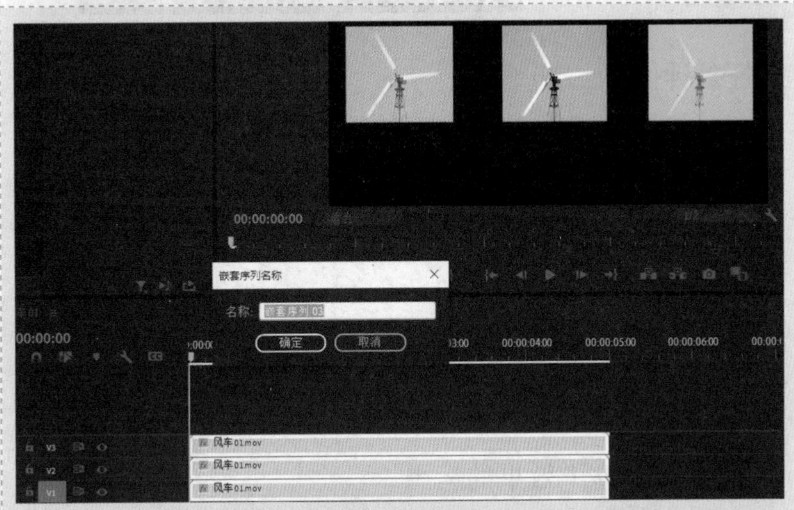

❹打开“效果”标签页，将“偏移”效果添加至嵌套的视频中；在“效果控件”面板中设置“偏移”→“将中心移位至”参数值，间隔3 秒左右设置两个关键帧；选中这两个关键帧，设置缓入、缓出效果，并调节速度曲线，如右图所示。

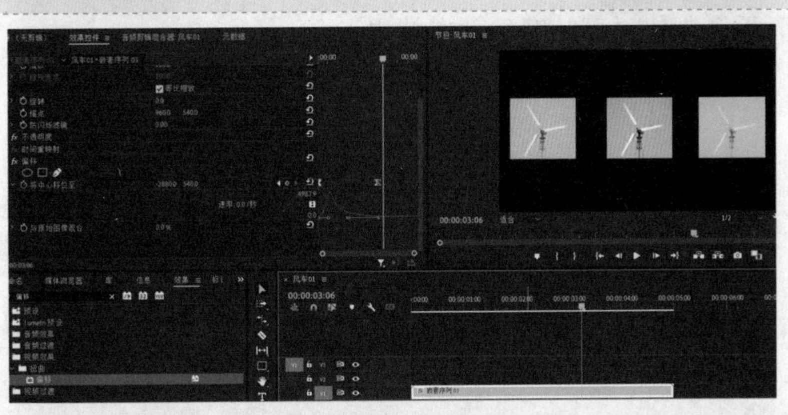

❺使用“矩形工具”绘制一个正方形；在“效果控件”面板中取消勾选“填充”复选框，勾选“描边”复选框；在“效果”标签页中添加“百叶窗”效果；在“效果控件”面板中设置“过渡完成”“方向”“宽度”参数值，如右图所示。

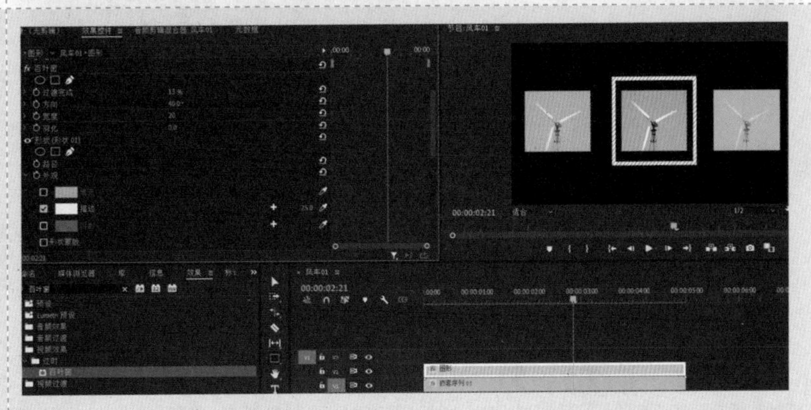

❻在“效果控件”面板中，为“百叶窗”→“方向”参数设置两个关键帧；选中这两个关键帧，设置缓入、缓出效果，并调节速度曲线，得到一个动态的百叶窗边框，完成最终的效果制作。

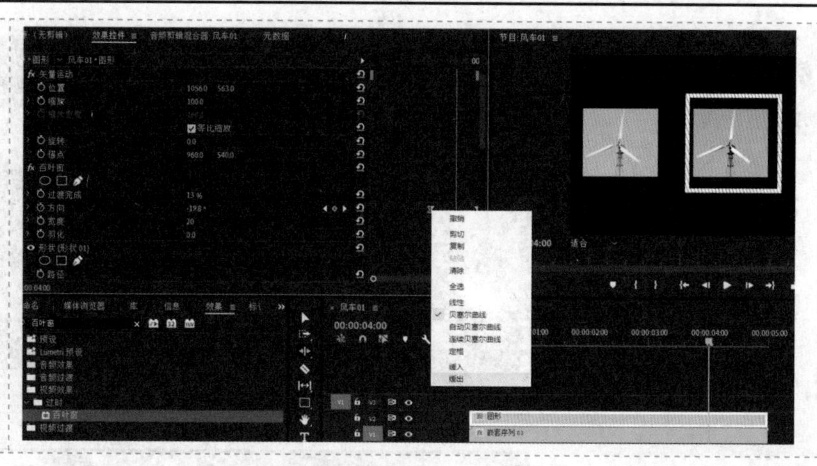

任务评价

1. 自我评价

□ 熟悉在 PR 的“效果”标签页中“颜色校正”“扭曲”“过时”效果的组成

□ 掌握“裁剪”效果的运用

□ 掌握“色彩”效果的运用

□ 掌握“偏移”效果的运用

□ 掌握“百叶窗”效果的运用

□ 学会制作“百叶窗”动态效果

2. 教师评价

工作页完成情况：□ 优 □ 良 □ 合格 □ 不合格

任务十二　折叠变换

	学习领域：基本制作	班级：	姓名：
		地点：	日期：

任务目标

1. 熟悉在 PR 中“效果”→“视频效果”→“扭曲”效果的组成；
2. 熟悉在 PR 中“效果”→“视频效果”→“时间”效果的组成；
3. 熟悉在 PR 中“效果”→“视频效果”→“过时”效果的组成；
4. 灵活运用 PR 中的选项实现“变换”“残影”“径向阴影”效果；
5. 学会使用“嵌套”方法提高影视作品的流畅度。

任务导入

观摩 B 站及企业相关网站的 Banner 动画，分析其制作思路及方法，然后在 PR 中加以实现，以提高视频剪辑的水准。

任务准备

通过案例制作，进一步熟悉 PR 的工作流程。

任务实施

步骤	说明或截图
❶在 PR 中新建一个序列，将分辨率设置为 1280px×300px，如右图所示。	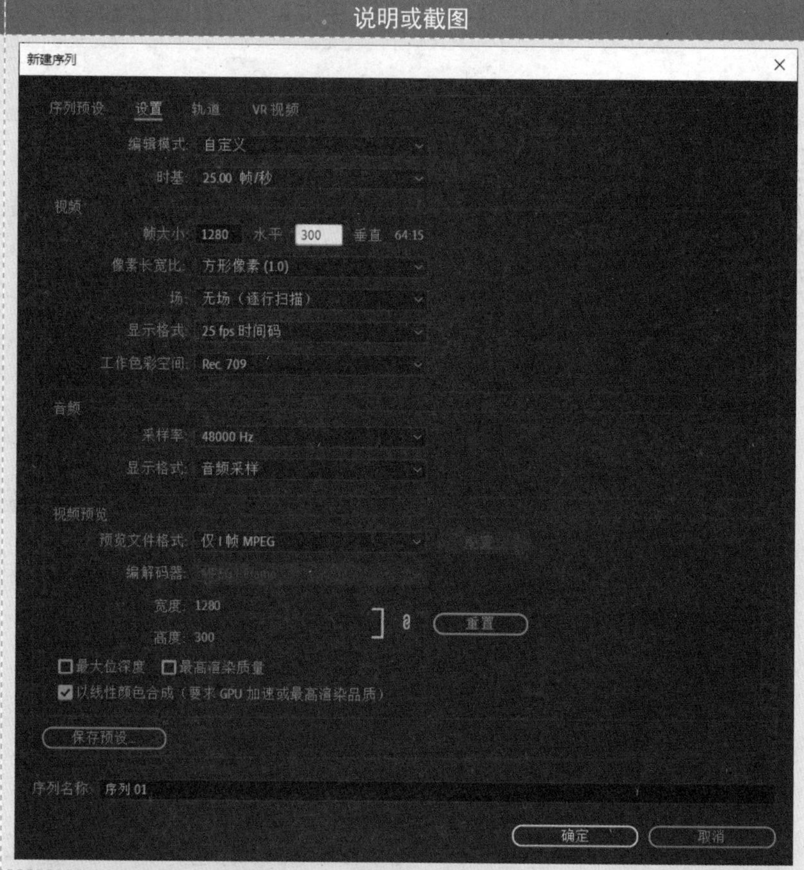
❷ 导入一个图片素材，在“效果控件”面板中调整“缩放”参数值，使其覆盖整个画布。	
❸打开“效果”标签页，将“变换”效果添加至素材上；在“效果控件”面板中调整“变换”→“位置”参数值，间隔 1 秒左右设置两个关键帧。	

❹在“效果控件”面板中选中“变换”→“位置”参数上的两个关键帧，设置“缓入、缓出”效果，将速度曲线调节为前快后慢，如右图所示。	
❺选中 V1 轨道并右击，在弹出的快捷菜单中选择“嵌套”命令；在“效果”标签页中为素材添加“残影”效果；在“效果控件”面板中设置“残影”→“残影数量”参数值为“2”；设置“残影”→“残影运算符”为“从后至前组合”。	
❻在“效果”标签页中为素材添加“径向阴影”效果；在“效果控件”面板中，将“径向阴影”属性拖至“残影”效果上，从而完成折叠变换动画效果的制作。	

任务评价

1. 自我评价

□ 熟悉在 PR 的“效果”标签页中“扭曲”“时间”“过时”效果的组成

□ 学会分离音频、视频素材

□ 掌握“变换”效果的实现方法

□ 学会设置关键帧的“缓入、缓出”效果并学会调节速度曲线

□ 掌握“残影”效果的实现方法

□ 掌握“径向阴影”效果的实现方法

2. 教师评价

工作页完成情况：□ 优 □ 良 □ 合格 □ 不合格

动画制作

任务一　认识关键帧

<table>
<tr><td rowspan="2"></td><td rowspan="2">学习领域：动画制作</td><td>班级：</td><td>姓名：</td></tr>
<tr><td>地点：</td><td>日期：</td></tr>
</table>

任务目标

1. 理解视频中的帧、帧速率、关键帧的定义；
2. 掌握关键帧动画形成的必要条件；
3. 理解关键帧的影响范围；
4. 感受关键帧动画产生的变换效果。

任务导入

欣赏动画，感受通过在素材的不同时刻设置不同的属性而产生的动画变换效果。

任务准备

准备计算机并安装 PR。

任务实施

步骤	说明或截图
❶认识帧、帧速率、关键帧。 帧表示动画中的单张影像图片，是最小的计量单位。动画是由一张张连续的图片组成的，每张图片就是一帧。	

帧速率（fps）：每秒刷新图片的帧数。PAL 制式每秒 25 帧，NTSC 制式每秒 30 帧。

关键帧：标明素材在某一时刻必须具有的属性。

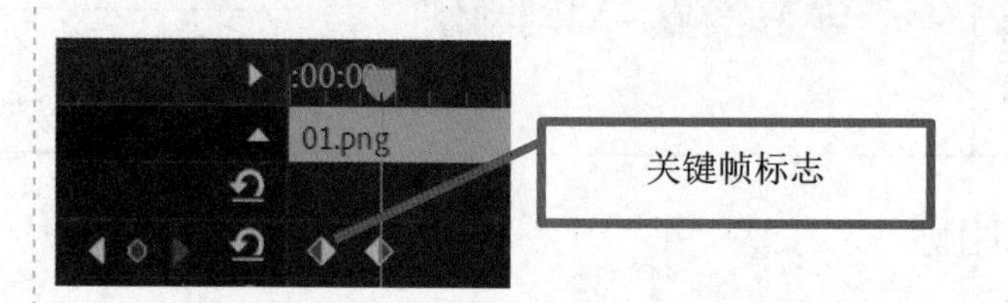

❷关键帧动画形成的必要条件。

要制作关键帧动画必须打开关键帧记录器，蓝色表示打开，灰色表示关闭。

要有两个或两个以上的关键帧，关键帧的值要有变化，在时间上要有间距。使用多个关键帧，可以为素材创建复杂的变换效果。

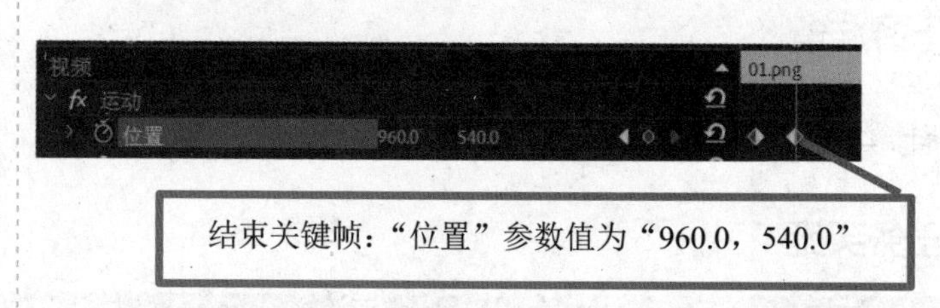

❸关键帧的影响范围。

A 时间段内素材的属性是 1 号关键帧的属性。B 时间段内素材的属性是 1 号关键帧到 2 号关键帧变化的过程。C 时间段内素材的属性是 2 号关键帧的属性。

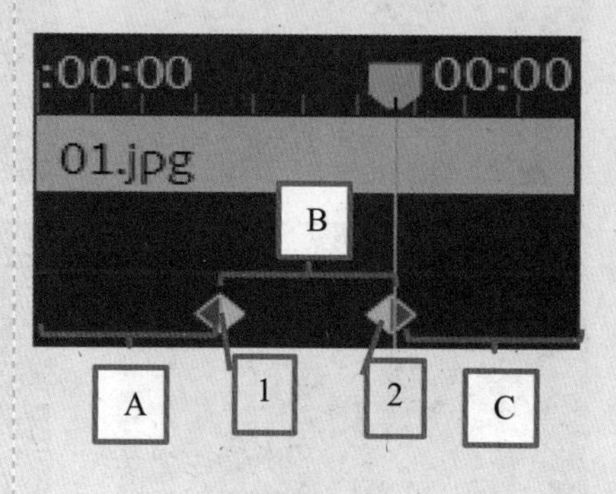

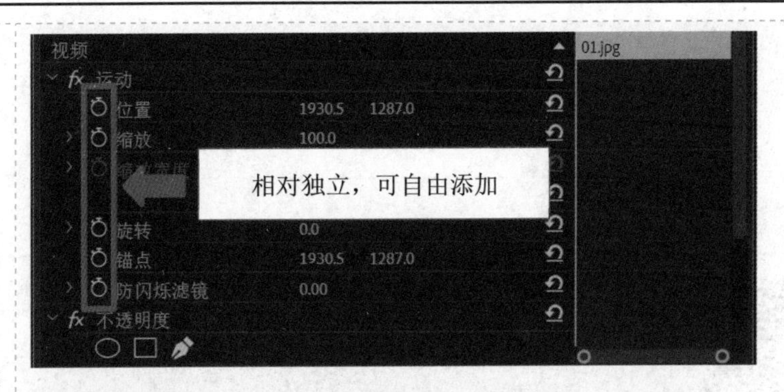

❹关键帧的效果。

凡是有关键帧记录器的属性都可以添加关键帧，每个属性的关键帧都相对独立，可自由添加。最终效果是由多个属性综合作用产生的。

例如，将第一帧和最后一帧定义为关键帧，改变“缩放”参数值后，中间变化过程由计算机运算得出。

开始关键帧与结束关键帧之间为过渡帧

过渡帧效果

任务评价

1. 自我评价

□ 理解视频中的帧、帧速率、关键帧的定义

□ 掌握关键帧动画形成的必要条件

□ 理解关键帧的影响范围

□ 通过修改图片的“缩放”参数值，感受关键帧动画产生的变换效果

2. 教师评价

工作页完成情况：□ 优 □ 良 □ 合格 □ 不合格

任务二　创建关键帧

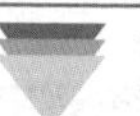

	学习领域：动画制作	班级：	姓名：
		地点：	日期：

任务目标

1. 熟悉“运动”属性下的参数；
2. 掌握精确定位时间线的方法；
3. 掌握创建关键帧动画的方法；
4. 感受“位置”参数变化呈现的动画效果。

任务导入

导入视频，感受改变素材坐标位置后产生的动画效果。

任务准备

准备计算机并安装 PR。

任务实施

步骤	说明或截图
❶ 启动 PR，新建项目和序列并导入素材 01.jpg，将素材拖至时间轴上。	
❷在时间轴上选中 V1 轨道上的素材，在按下“Alt”键的同时，将素材拖至 V2 轨道上。选中 V2 轨道上的素材，在“效果控件”面板中，每个素材自带“运动”属性，其中包含“位置”“缩放”“缩放宽度”“旋转”“锚点”“防闪烁滤镜”参数。修改“缩放”参数值为“50.0”。	

❸打开“效果”标签页，选择“视频效果”→“模糊与锐化”→“高斯模糊”选项，将其拖至 V1 轨道的素材上，在“效果控件”面板上，设置“模糊度”参数值为“120”。

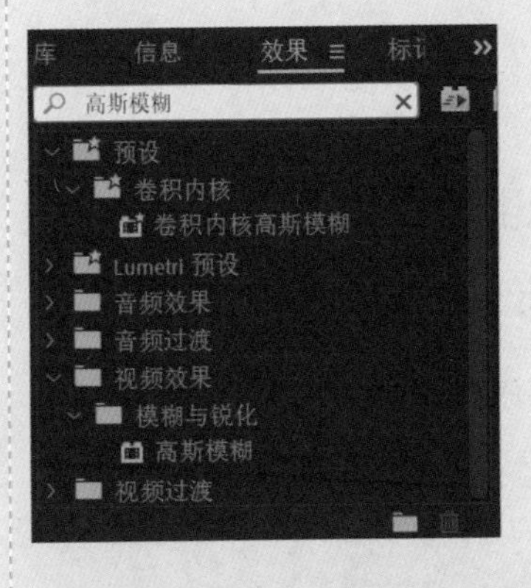

❹选中 V2 轨道上的素材，将时间线移至 0 秒处。在“效果控件”面板上，单击“位置”参数前的 （关键帧记录器）按钮，创建第 1 个关键帧，设置“位置”参数值为“-940.0，1246.0”。

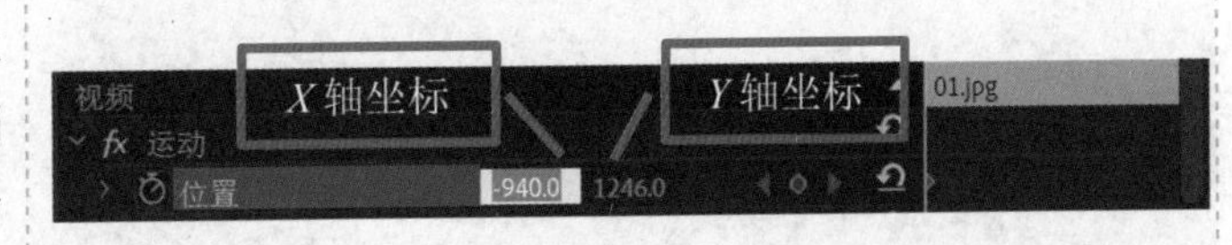

❺单击播放指示器，将时间线移至 1 秒处。

❻添加关键帧。

方法一：在“效果控件”面板上，修改“位置”参数值为“1610，1246.0”，此时会自动创建第 2 个关键帧。

方法二：在“效果控件”面板上，单击“位置”参数上的 （添加/移除关键帧）按钮，手动添加关键帧，该关键帧与上一个关键帧的值一致，若需要修改，则修改相应的参数值即可。

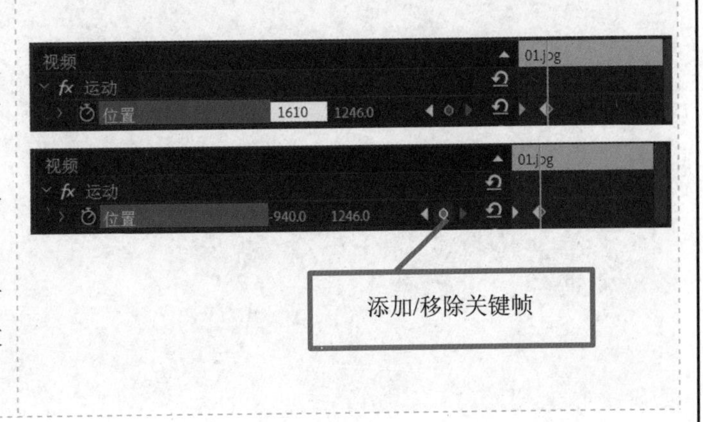

任务评价

1. 自我评价

□ 熟悉“运动”属性下的参数

□ 掌握精确定位时间线的方法

□ 掌握创建关键帧动画的方法

2. 教师评价

工作页完成情况：□ 优 □ 良 □ 合格 □ 不合格

任务三　移动关键帧

	学习领域：动画制作	班级：	姓名：
		地点：	日期：

任务目标

1. 掌握选中关键帧的方法；
2. 掌握移动单个关键帧的方法；
3. 掌握移动多个关键帧的方法；
4. 感受关键帧间隔距离不同所呈现的效果。

任务导入

关键帧动画常用于影视制作、微电影、广告等动态设计中。

任务准备

准备计算机并安装 PR。

任务实施

步骤	说明或截图
❶双击打开“字幕文字动画.prproj”文件，单击 V2 轨道上的 01.png 图片，并单击“效果控件”面板。	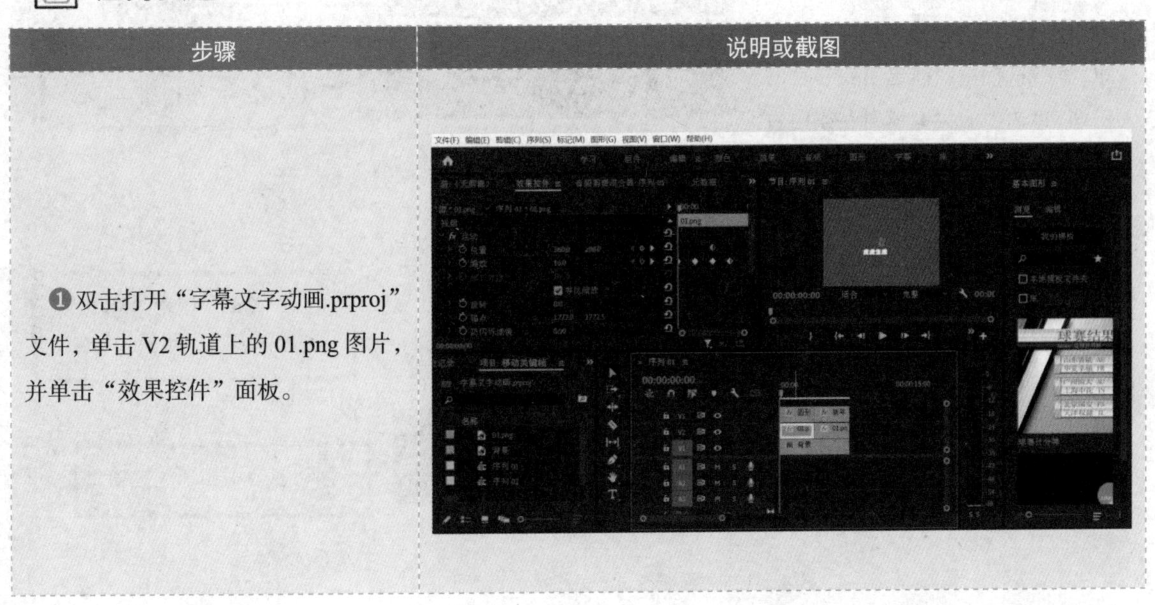

❷定位关键帧。

转到上一个关键帧：单击“转到上一个关键帧”按钮，跳转到上一个关键帧。

转到下一个关键帧：单击“转到下一个关键帧”按钮，跳转到下一个关键帧。

❸选中关键帧。

选中单个关键帧：将鼠标指针指向关键帧，单击可以选中单个关键帧。

选中多个关键帧：在空白区域中，单击鼠标左键并拖动，框选想要选中的关键帧，或者在按“Ctrl”键的同时单击想要选中的关键帧。

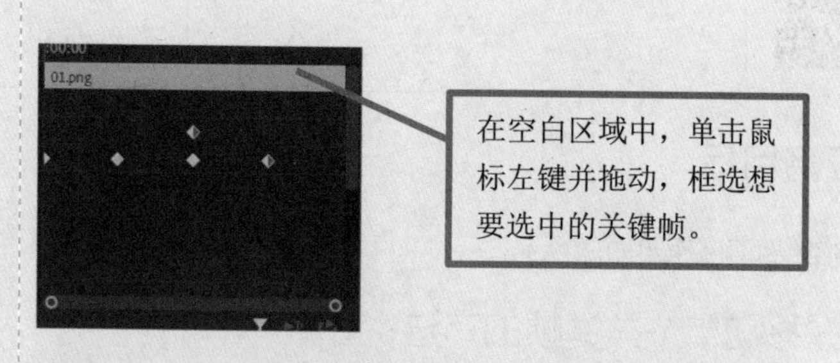

❹移动单个关键帧。

选中单个关键帧，单击鼠标左键并左右拖动，当拖动到合适的位置后松开鼠标左键。

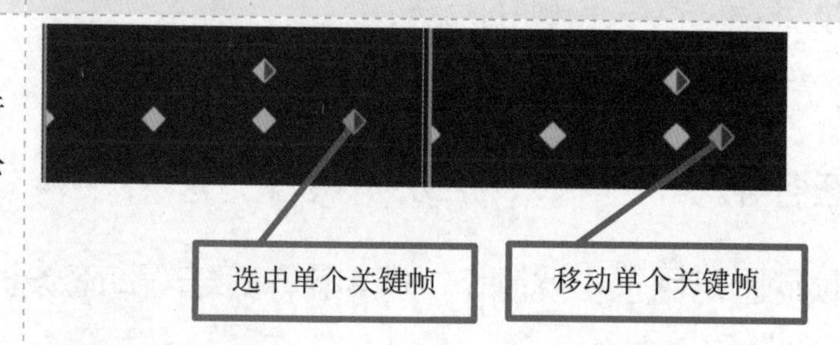

❺移动多个关键帧。

移动多个相邻关键帧：

单击工具箱中的 （移动工具）按钮，单击鼠标左键框选需要移动的关键帧，将选中的关键帧向左或向右拖曳即可完成移动操作。

移动多个不相邻关键帧：

单击工具箱中的 （移动工具）按钮，在按住“Ctrl”键或“Shift”键的同时单击需要移动的关键帧并拖动鼠标。

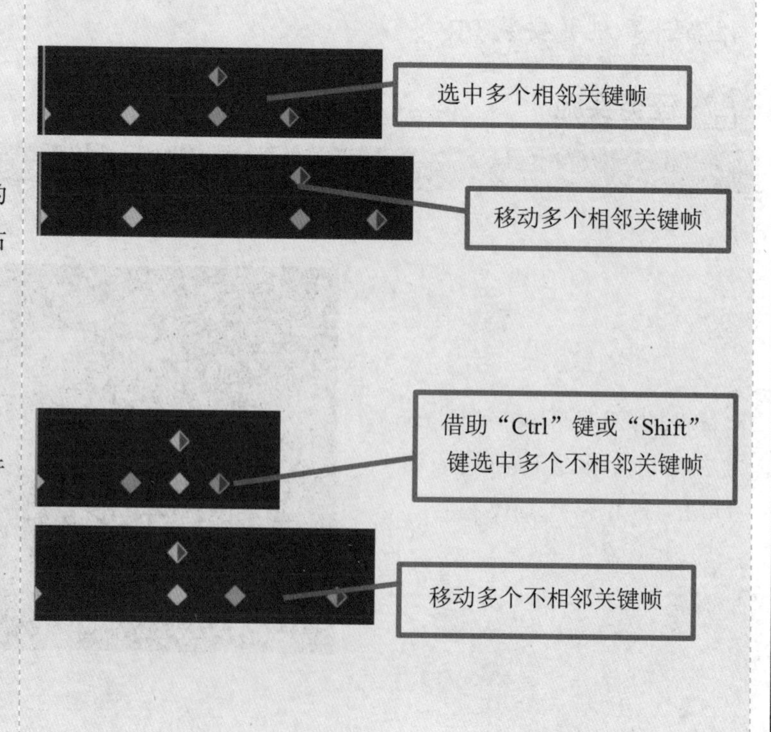

❻播放动画，感受关键帧间隔距离不同所呈现的效果。

任务评价

1. 自我评价

□ 掌握选中单个关键帧的方法

□ 掌握选中多个关键帧的方法

□ 掌握移动单个关键帧的方法

□ 掌握移动多个相邻关键帧的方法

□ 掌握移动多个不相邻关键帧的方法

2. 教师评价

工作页完成情况：□ 优 □ 良 □ 合格 □ 不合格

任务四　删除关键帧

	学习领域：动画制作	班级：	姓名：
		地点：	日期：

任务目标

1. 熟悉多余关键帧所产生的不利影响；
2. 掌握删除关键帧的 3 种方法。

任务导入

有时操作者会在素材文件中添加一些多余的关键帧，由于这些关键帧既无实际用途又使画面变得纷繁复杂，因此需要将多余的关键帧删除。

任务准备

准备计算机并安装 PR。

任务实施

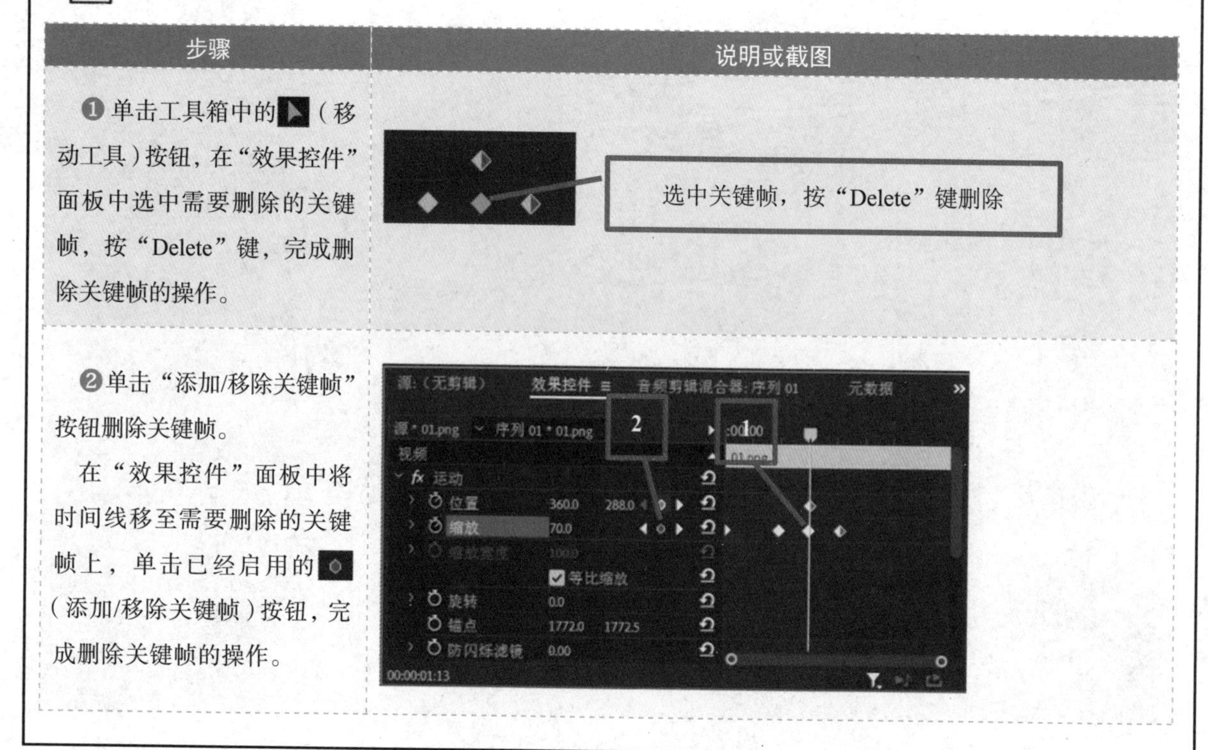

步骤	说明或截图
❶单击工具箱中的（移动工具）按钮，在“效果控件”面板中选中需要删除的关键帧，按“Delete”键，完成删除关键帧的操作。	选中关键帧，按“Delete”键删除
❷单击“添加/移除关键帧”按钮删除关键帧。 在“效果控件”面板中将时间线移至需要删除的关键帧上，单击已经启用的（添加/移除关键帧）按钮，完成删除关键帧的操作。	

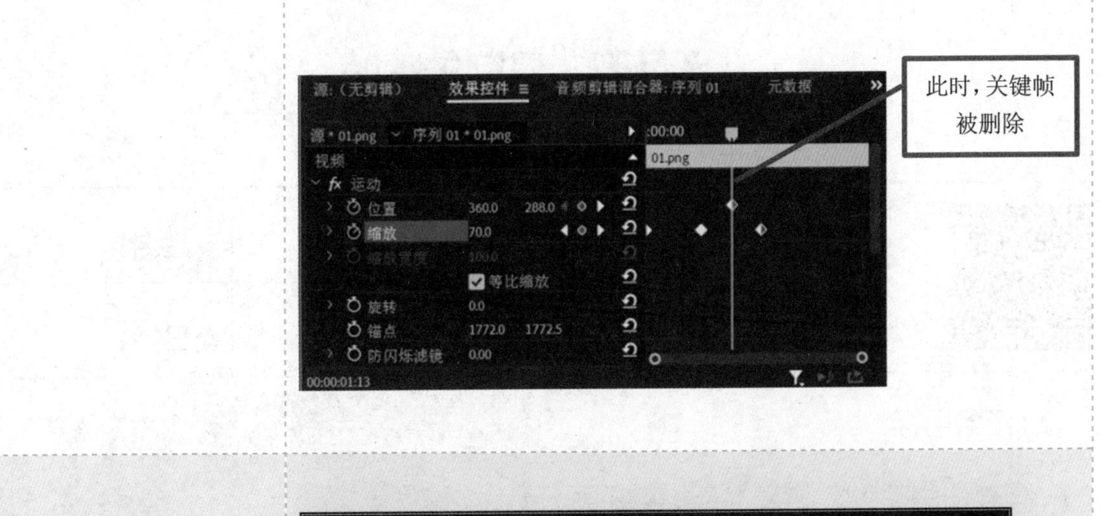

❸选中关键帧并右击，在弹出的快捷菜单中选择“清除”命令，即可删除该关键帧。

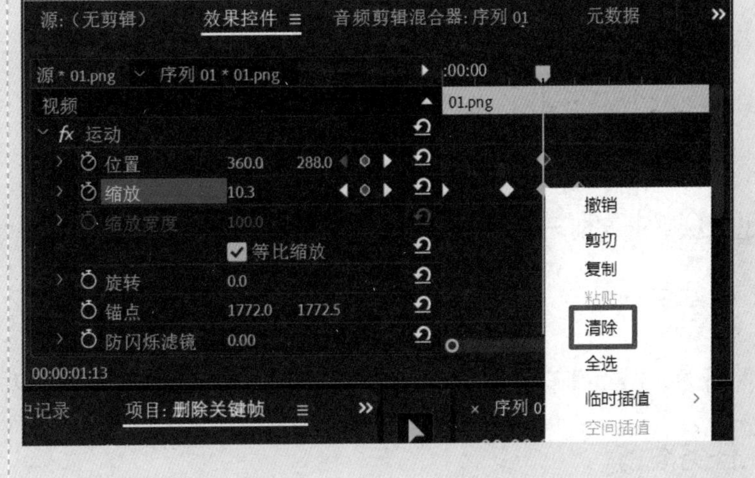

任务评价

1. 自我评价

□ 熟悉多余关键帧所产生的不利影响

□ 掌握删除关键帧的 3 种方法

2. 教师评价

工作页完成情况：□ 优 □ 良 □ 合格 □ 不合格

任务五　复制关键帧

	学习领域：动画制作	班级：	姓名：
		地点：	日期：

任务目标

1. 掌握使用“Alt”键复制关键帧的方法；
2. 掌握使用快捷菜单复制关键帧的方法；
3. 掌握使用快捷键复制关键帧的方法；
4. 掌握将关键帧复制到另一个素材中的方法；
5. 感受通过复制关键帧完成素材的动画制作的快捷性。

任务导入

在制作影片或动画时，通过复制关键帧，可以更加快捷地完成素材的动画制作。

任务准备

准备计算机并安装 PR。

任务实施

步骤	说明或截图
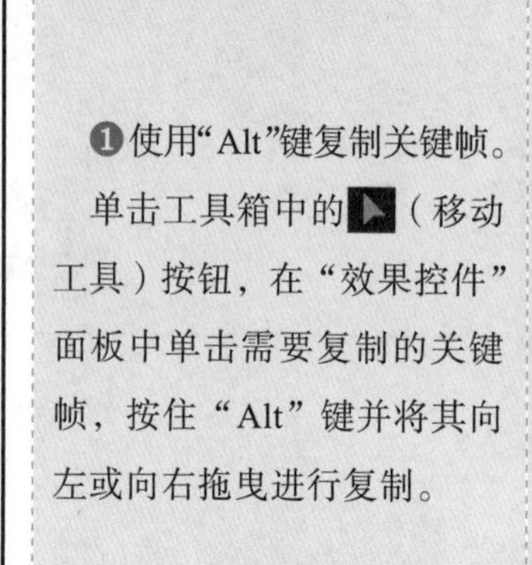 ❶使用“Alt”键复制关键帧。单击工具箱中的（移动工具）按钮，在“效果控件”面板中单击需要复制的关键帧，按住“Alt”键并将其向左或向右拖曳进行复制。	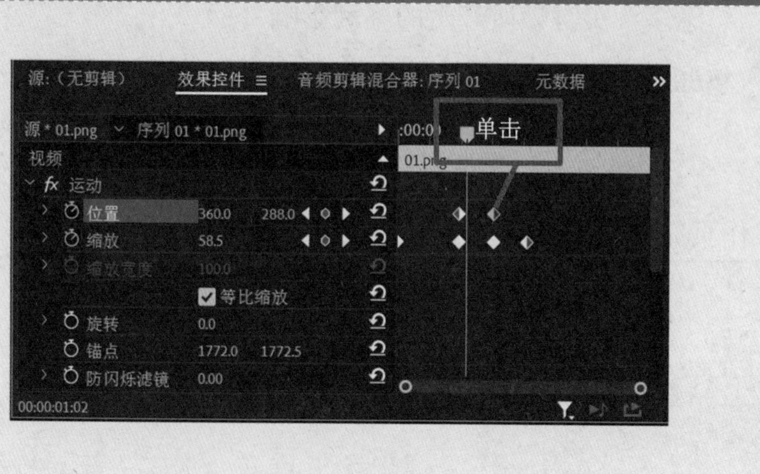

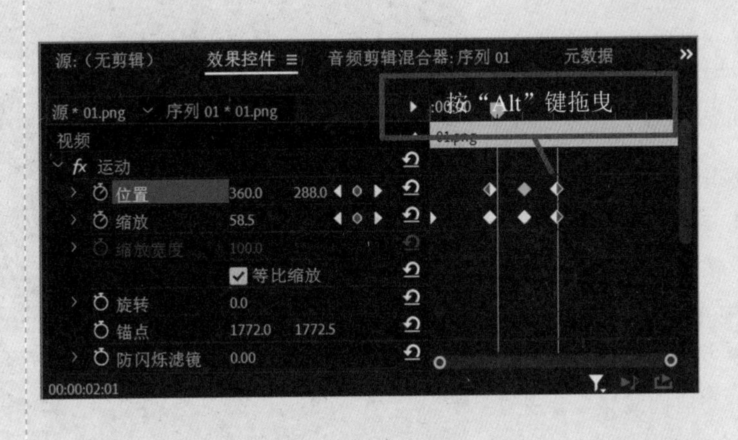

❷使用快捷菜单复制关键帧。

单击工具箱中的▶（移动工具）按钮，在“效果控件”面板中右击需要复制的关键帧，在弹出的快捷菜单中选择“复制”命令，将时间线移至合适的位置并右击，在弹出的快捷菜单中选择“粘贴”命令。

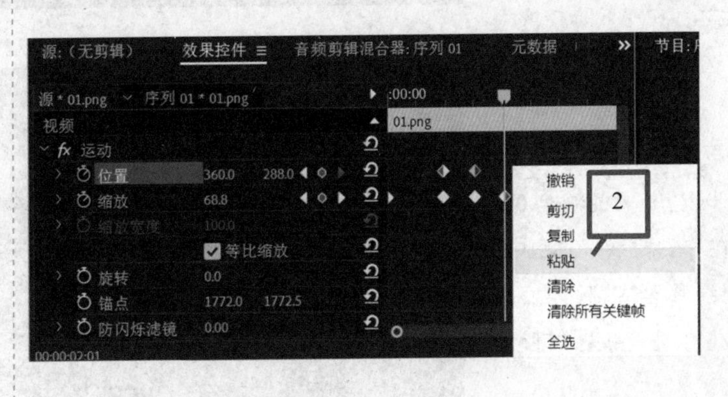

❸ 使用快捷键复制关键帧。

单击工具箱中的▶（移动工具）按钮，在“效果控件”面板中单击要复制的关键帧，按“Ctrl+C”快捷键进行复制，将时间线移至合适的位置，按“Ctrl+V”快捷键进行粘贴。

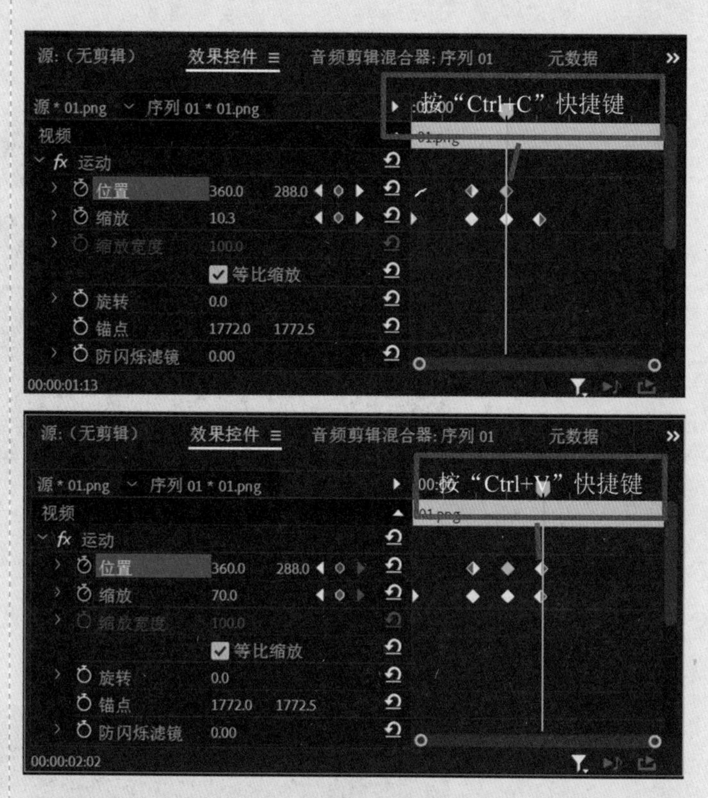

❹ 将关键帧复制到另一个素材中。

除了可以在同一个素材中复制关键帧，还可以将关键帧复制到另一个素材中。

第一步，选中“嵌套序列04”素材，在“效果控件”面板中选中“位置”“缩放”参数上的关键帧，按“Ctrl+C”快捷键复制关键帧；

第二步，选中“嵌套序列05”素材，在“效果控件”面板中，将时间线移至0秒处，按“Ctrl+V”快捷键粘贴关键帧。

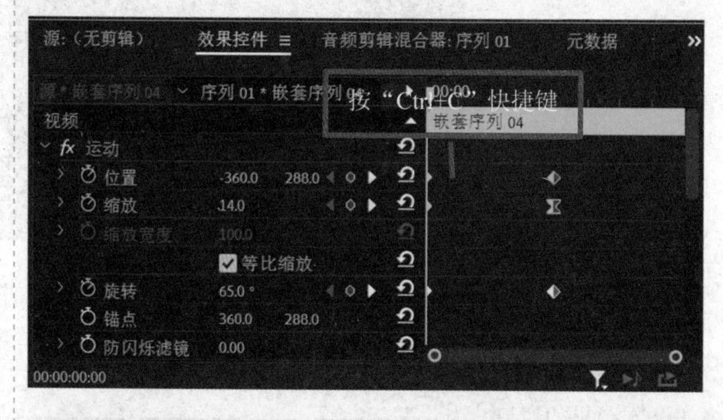

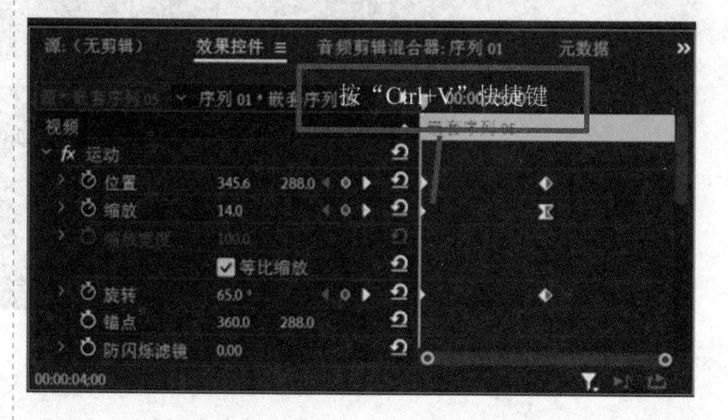

任务评价

1. 自我评价

□ 掌握使用“Alt”键复制关键帧的方法

□ 掌握使用快捷菜单复制关键帧的方法

□ 掌握使用快捷键复制关键帧的方法

□ 掌握将关键帧复制到另一个素材中的方法

2. 教师评价

工作页完成情况：□ 优 □ 良 □ 合格 □ 不合格

任务六　关键帧临时插值

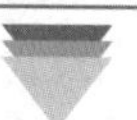

	学习领域：动画制作	班级：	姓名：
		地点：	日期：

任务目标

1. 熟悉插值的内涵；
2. 掌握临时插值的类型及其作用；
3. 感受不同类型的插值带来的视觉效果。

任务导入

插值是指在两个已知值之间填充未知数据的过程。临时插值用于控制关键帧在时间线上的速度变化。

任务准备

准备计算机并安装PR。

任务实施

步骤	说明或截图
❶ 关键帧的插值可以控制关键帧的速度变化，分为“临时插值”和“空间插值”两种。在一般情况下，系统默认使用“临时插值”中的“线性”插值。 更改插值类型：右击关键帧，在弹出的快捷菜单中选择相应命令进行类型更改。	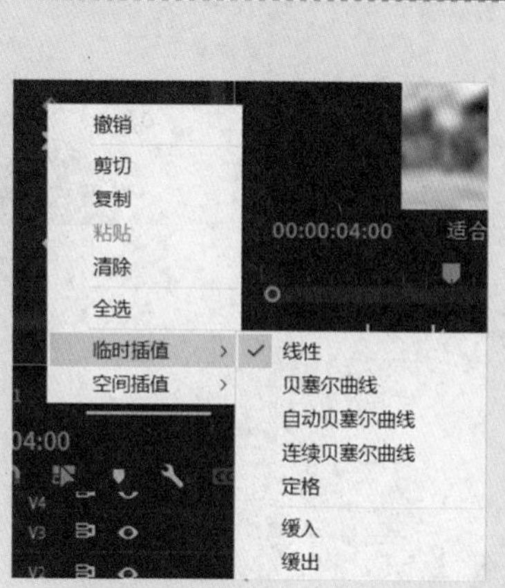

❷“线性”插值。

“线性”插值可以使动画实现匀速变化。

在“效果控件”面板的“位置”（其他参数同此方法）参数上添加两个及两个以上关键帧；在添加的关键帧上右击，在弹出的快捷菜单中选择“临时插值”→“线性”命令，拖动时间线，当时间线与关键帧位置重合时，该关键帧由灰色变成蓝色，此时动画播放速度更为匀速平缓。

❸“贝塞尔曲线”插值。

利用“贝塞尔曲线”插值可以调整关键帧的平滑速度。在“效果控件”面板的“缩放”（其他参数同此方法）参数上添加两个及两个以上关键帧；在添加的关键帧上右击，在弹出的快捷菜单中选择“临时插值”→“贝塞尔曲线”命令，拖动时间线，当时间线与关键帧位置重合时，该关键帧样式变为，可以通过拖动曲线控制柄来调节曲线两侧，从而改变动画的播放速度。

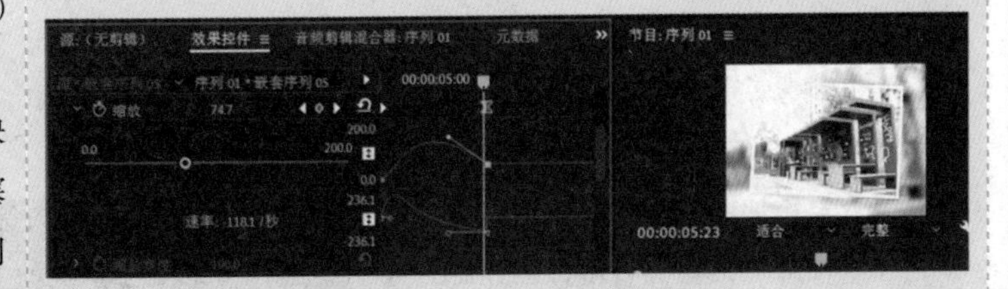

❹“自动贝塞尔曲线”插值。

利用“自动贝塞尔曲线”插值可以调整关键帧的平滑速度。在“效果控件”面板的“缩放”（其他参数同此方法）参数上添加两个及两个以上关键帧；在添加的关键帧上右击，在弹出的快捷菜单中选择“临时插值”→“自动贝塞尔曲线”命令，该关键帧样式变为。在曲线节点的两侧会出现两个没有控制线的控制点，手动调整控制点可将自动曲线转换为弯曲的“贝塞尔曲线”。

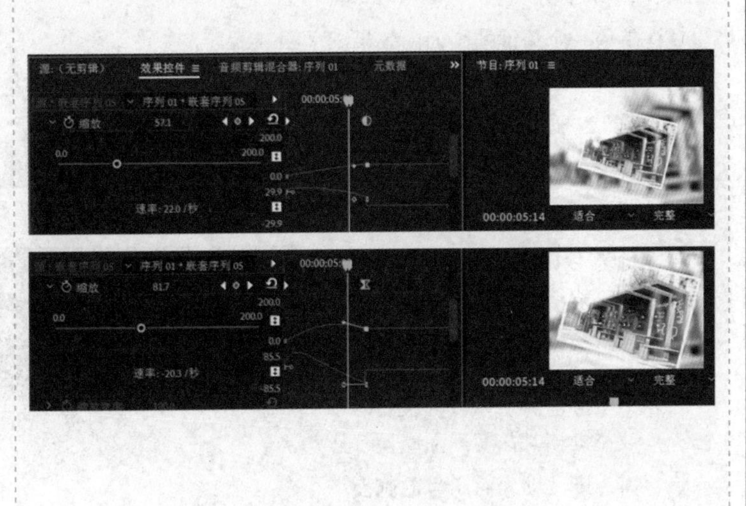

❺“连续贝塞尔曲线”插值。

利用“连续贝塞尔曲线”插值可以调整关键帧的平滑变化速率。在“效果控件”面板的“缩放”（其他参数同此方法）参数上添加两个及两个以上关键帧；在添加的关键帧上右击，在弹出的快捷菜单中选择“临时插值”→“连续贝塞尔曲线”命令，该关键帧样式变为。双击“节目”面板中的画面，此时会出现两个控制柄，通过拖动控制柄来改变两侧曲线的弯曲程度，从而改变动画效果。

❻“定格”插值。

利用“定格”插值可以更改参数值且不产生渐变过渡效果。在“效果控件”面板的“缩放”（其他参数同此方法）参数上添加两个及两个以上关键帧；在添加的关键帧上右击，在弹出的快捷菜单中选择“临时插值”→“定格”命令，拖动时间线，当时间线与关键帧位置重合时，该关键帧样式变为，两个速度曲线节点将根据动画的运动状态自动调节速度曲线的弯曲程度。当动画播放到该关键帧时，将出现保持前一个关键帧画面的效果。

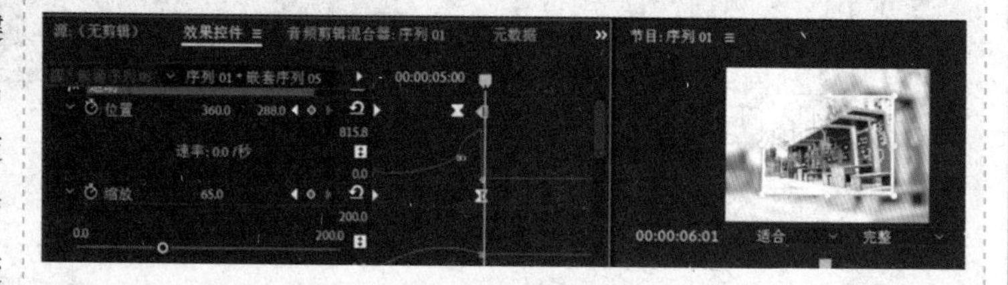

❼“缓入”插值。

利用“缓入”插值可以减慢动画的播放速度。在“效果控件”面板的“缩放”（其他参数同此方法）参数上添加两个及两个以上关键帧；在添加的关键帧上右击，在弹出的快捷菜单中选择“临时插值”→“缓入”命令，动画进入该关键帧时速度逐渐减慢，从而消除因速度波动大而产生的画面不稳定感。

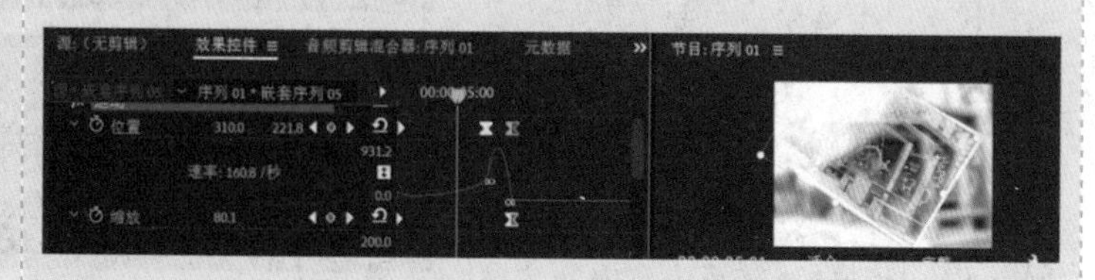

❽“缓出”插值。

利用“缓出”插值可以加快动画的播放速度。在“效果控件”面板的“缩放”(其他参数同此方法)参数上添加两个及两个以上关键帧；在添加的关键帧上右击，在弹出的快捷菜单中选择“临时插值”→“缓出”命令，拖动时间线，当时间线与关键帧位置重合时，该关键帧样式变为⧗。速度曲线节点后面将产生缓出的曲线效果，与“缓入”插值所产生的效果相同。

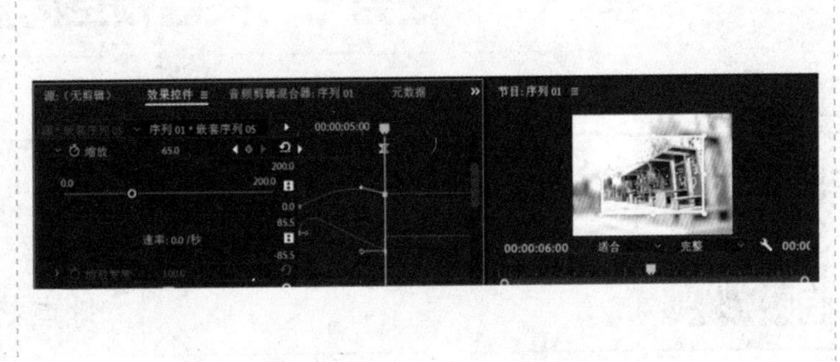

任务评价

1. 自我评价

☐ 熟悉插值的内涵

☐ 掌握临时插值的作用

☐ 掌握临时插值中“线性”插值的作用

☐ 掌握临时插值中“贝塞尔曲线”插值的作用

☐ 掌握临时插值中“自动贝塞尔曲线”插值的作用

☐ 掌握临时插值中“连续贝塞尔曲线”插值的作用

☐ 掌握临时插值中“定格”插值的作用

☐ 掌握临时插值中“缓入”插值的作用

☐ 掌握临时插值中“缓出”插值的作用

2. 教师评价

工作页完成情况：☐ 优 ☐ 良 ☐ 合格 ☐ 不合格

任务七　关键帧空间插值

	学习领域：动画制作	班级：	姓名：
		地点：	日期：

任务目标

1. 掌握空间插值的类型及其作用；
2. 感受不同类型的空间插值带来的视觉效果。

任务导入

空间插值可以用于设置关键帧的过渡效果，包括转折强烈的“线性”插值、过渡柔和的“自动贝塞尔曲线”插值等。

任务准备

准备计算机并安装 PR。

任务实施

步骤	说明或截图
❶“线性”插值。 在选择“空间插值”→“线性”命令后，关键帧两侧的线段为直线，角度转折明显。	

❷“贝塞尔曲线”插值。 选择“空间插值”→“贝塞尔曲线”命令，通过控制柄调节曲线实现不同的动画效果。	
❸“自动贝塞尔曲线”插值。 选择“空间插值”→“自动贝塞尔曲线”命令，在更改自动贝塞尔曲线关键帧数值时，控制点两侧的控制柄会自动更改，以保持关键帧之间的平滑速率。	
❹“连续贝塞尔曲线”插值。 选择“空间插值”→“连续贝塞尔曲线”命令，操作者可以手动拖动控制点两侧的控制柄来调节曲线方向。	

任务评价

1. 自我评价

□ 掌握空间插值的作用

□ 掌握空间插值中“线性”插值的作用

□ 掌握空间插值中“贝塞尔曲线”插值的作用

□ 掌握空间插值中“自动贝塞尔曲线”插值的作用

□ 掌握空间插值中“连续贝塞尔曲线”插值的作用

2. 教师评价

工作页完成情况：□ 优 □ 良 □ 合格 □ 不合格

任务八 制作贺岁 GIF 动画

	学习领域：动画制作	班级：	姓名：
		地点：	日期：

任务目标

1. 掌握 PR 制作关键帧动画的理论知识；
2. 掌握 PR 制作关键帧动画的方法；
3. 根据项目需求对素材进行创意设计，制作 GIF 动画；
4. 优化作业环境，提高操作效率。

任务导入

欣赏动画，感受动画的视觉特效与综合艺术魅力。

任务准备

准备计算机并安装 PR。

任务实施

步骤	说明或截图
❶启动 PR，首先在菜单栏中选择“文件”→“新建”→“项目”命令（快捷键：Ctrl+Alt+N），然后单击“浏览”按钮保存路径，最后单击“确定”按钮。 在菜单栏中选择“新建”→“序列”命令（快捷键：Ctrl+N），设置序列属性及名称。	文件(F) 编辑(E) 剪辑(C) 序列(S) 标记(M) 图形(G) 视图(V) 窗口(W) 帮助(H) 新建(N) › 项目(P)... Ctrl+Alt+N 打开项目(O)... Ctrl+O 作品(R)... 打开作品(P)... 序列(S)... Ctrl+N 打开最近使用的内容(E) › 来自剪辑的序列 关闭(C) Ctrl+W 素材箱(B) Ctrl+/ 关闭项目(P) Ctrl+Shift+W 来自选择项的素材箱 关闭作品 搜索素材箱 关闭所有项目 项目快捷方式 关闭所有其他项目 脱机文件(O)... 刷新所有项目 调整图层(A)... 保存(S) Ctrl+S 旧版标题(T)... 另存为(A)... Ctrl+Shift+S Photoshop 文件(H)... 保存副本(Y)... Ctrl+Alt+S 彩条... 全部保存 黑场视频... 还原(R) 颜色遮罩... 捕捉(T)... F5 HD 彩条... 批量捕捉(B)... F6 通用倒计时片头... 链接媒体(L)... 透明视频...

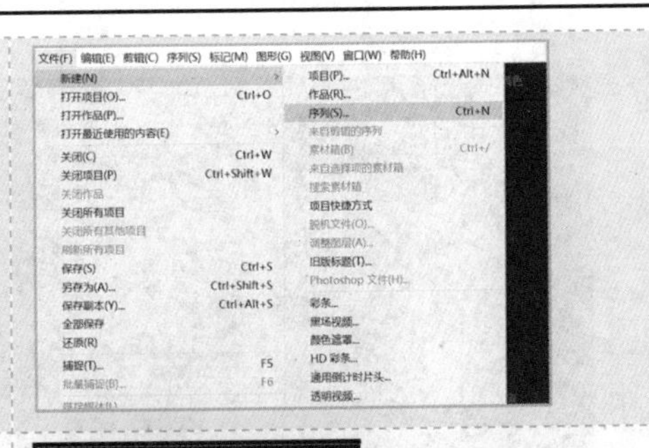

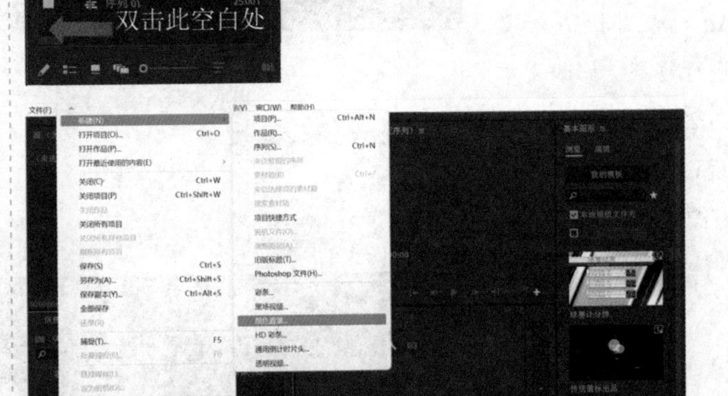

❷ 双击“项目”面板空白处，导入图片素材 01.png（快捷键：Ctrl+I）。选择“文件”→“新建”→“颜色遮罩”命令，在弹出的“新建颜色遮罩”对话框中单击“确定”按钮，在“拾色器”对话框中选择红色，将遮罩名称修改为“背景”，单击“确定”按钮。

❸ 在时间轴上，将时间线移至 0 秒处，将“背景”颜色遮罩拖至 V1 轨道上。

将图片素材 01.png 拖至 V2 轨道上，右击图片素材，在弹出的快捷菜单中选择“缩放为帧大小”命令。

单击“文字工具”按钮，在工作区中输入“虎”，并设置字体为“方正小标宋”，颜色为“白色”，大小如右图所示。右击“虎”字所在的图层，在弹出的快捷菜单中选择“制作子序列”命令，制作 01_Sub_01。

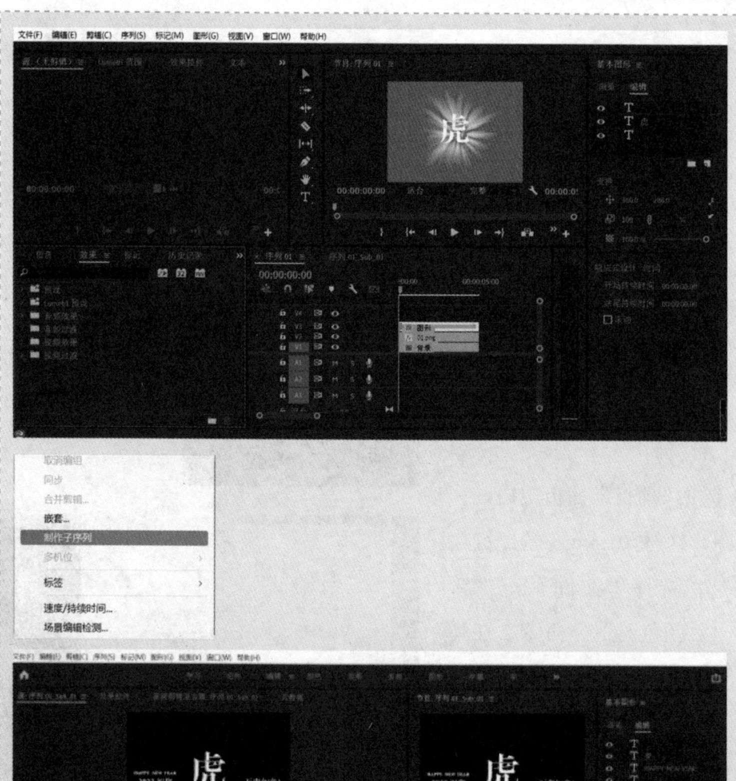

在按“Alt”键的同时拖动文本“虎”进行复制，修改文本内容为“2022 祝您万事如意 HAPPY NEW YEAR”，并调整版式，如右图所示。

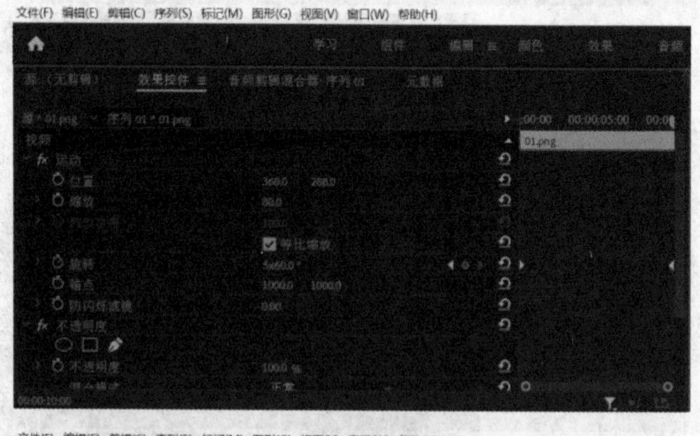

❹ 在时间轴上将时间线移至10秒处，选中图片素材01.png，在“效果控件”面板中单击“旋转”参数前的⏱按钮，将参数值设为“5×60.0° ”。

将时间线移至0秒处，设置“旋转”参数值为“0.0° ”。

❺ 双击时间轴上的序列 01_Sub_01，展开子序列。将时间线移至 2 秒处，分别为 V1～V3 轨道上素材的“位置”“缩放”“不透明度”参数设置关键帧。

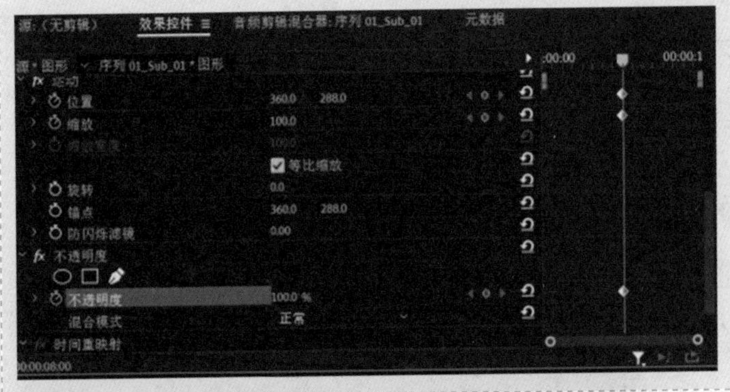

❻ 将时间线移至 0 秒处，分别为 V1～V3 轨道上素材的“位置”“缩放”“不透明度”参数设置关键帧，将“万事如意”文本的“位置”参数值设为“360.0，-200.0”，“缩放”参数值设为“300.0”，“不透明度”参数值设为“0.0%”。

将“虎”文本和“HAPPY NEW YEAR 2022 祝您”文本的“位置”参数值设为“360.0，-288.0”，“缩放”参数值设为“7.0”，“不透明度”参数值设为“0.0%”。

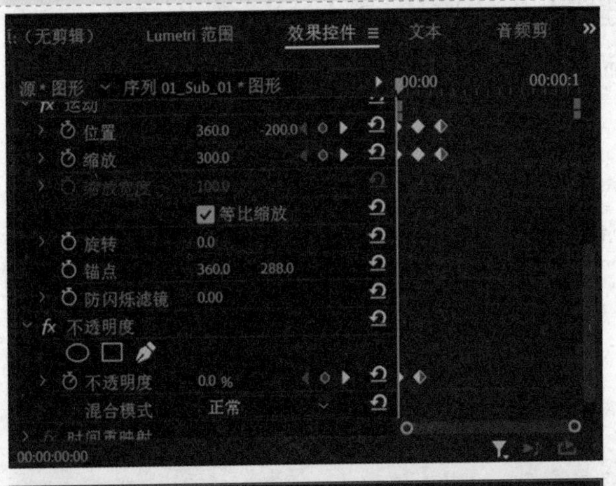

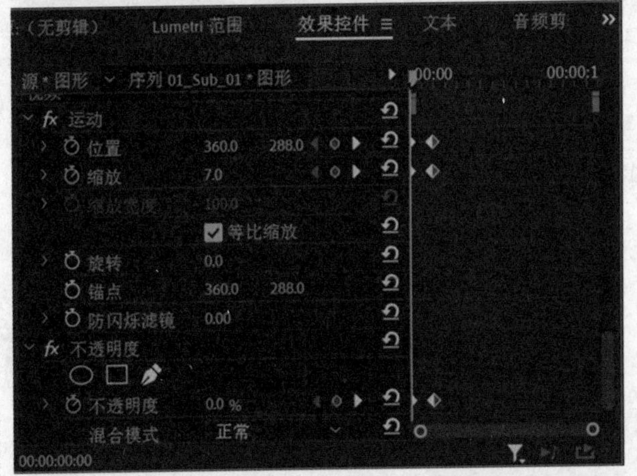

❼ 选择“文件”→“导出”→“媒体”命令（快捷键：Ctrl+M），在弹出的“导出设置”对话框中，设置“格式”为“GIF”，然后单击“导出”按钮。

任务评价

1. 自我评价

□ 了解关键帧的概念

□ 熟悉“效果控件”面板的功能

□ 学会创建、移动、删除、复制关键帧

□ 掌握关键帧在动画中的运用方法

□ 掌握将视频导出为 GIF 动画的方法

2. 教师评价

工作页完成情况：□ 优 □ 良 □ 合格 □ 不合格

任务九　制作简单 3D 相册

	学习领域：动画制作	班级：	姓名：
		地点：	日期：

任务目标

1. 熟悉 PR 制作图片效果的方法；
2. 掌握使用关键帧制作动画效果的方法；
3. 掌握制作“视频过渡”效果的方法；
4. 优化作业环境，提高操作效率。

任务导入

欣赏电子相册，对比电子相册与传统相册，感受电子相册的优越性。

任务准备

准备计算机并安装 PR。

任务实施

步骤	说明或截图
❶在菜单栏中选择“文件”→“新建”→“项目”命令（快捷键：Ctrl+Alt+N），设置名称，并单击“浏览”按钮设置保存路径。在“项目”面板空白处右击，在弹出的快捷菜单中选择“新建项目”→“序列”命令（快捷键：Ctrl+N），在打开的“新建序列”对话框中设置序列属性及名称，如右图所示。	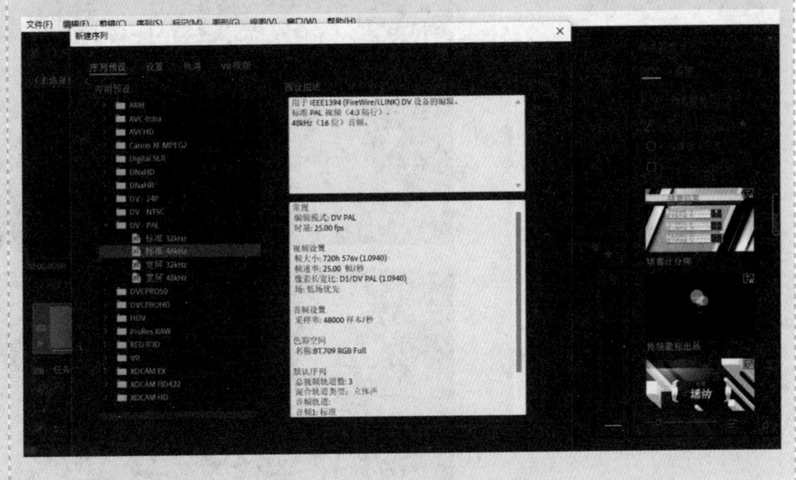

❷双击“项目”面板空白处，导入素材01.jpg、02.jpg、03.jpg（快捷键：Ctrl+I），将素材01.jpg拖至V1轨道上，右击素材文件，在弹出的快捷菜单中选择“缩放为帧大小”命令，在按“Alt”键的同时拖动V1轨道上的01.jpg到V2轨道上，松开鼠标，选中V2轨道上的01.jpg，选择“编辑”→“效果控件”→“缩放”参数，设置参数值为“55.0”。

❸此时，V1轨道上的01.jpg将作为背景呈现，主要通过“效果控件”面板设置图片效果。选择“效果”→“视频效果”→“模糊与锐化”→“高斯模糊”选项，设置“模糊度”参数值为“20.0”，勾选“重复边缘像素”复选框，如右图所示。

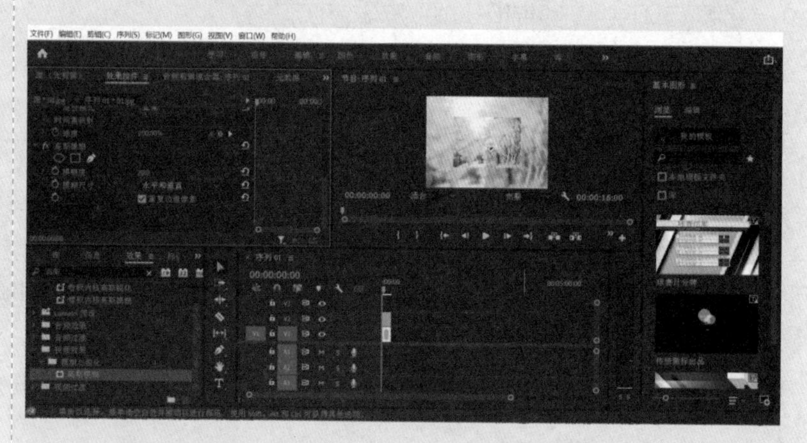

❹设置V2轨道上01.jpg的图片效果及动画效果。选择“效果”→“视频效果”→“透视”→“径向阴影”选项，在“效果控件”面板中依次设置“径向阴影”属性的“阴影颜色”“不透明度”“光源”“投影距离”等参数，如右图所示。

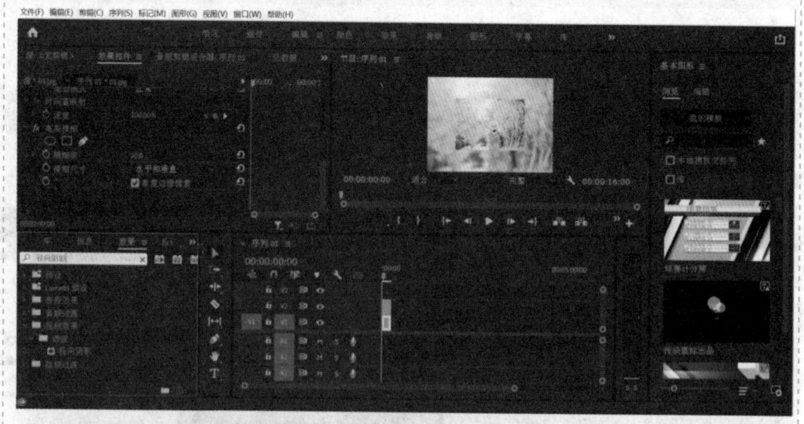

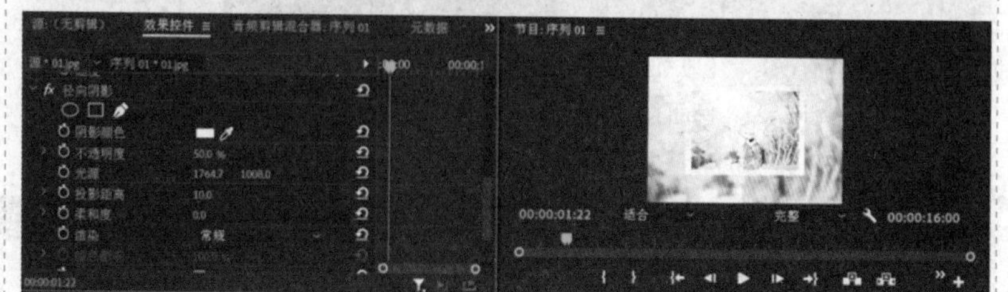

❺选择“效果”→“视频效果”→“透视”→“投影”选项，在“效果控件”面板中依次设置“投影”属性的“不透明度”“方向”“距离”“柔和度”等参数，如右图所示。

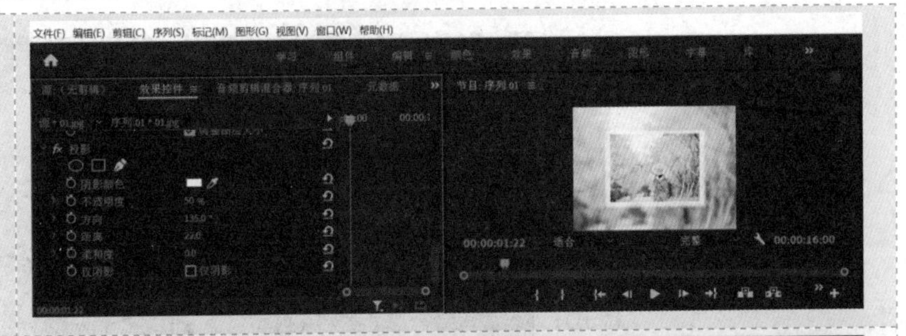

❻选择“效果”→“视频效果”→“透视”→“基本 3D”选项，在 0 秒处设置旋转角度、倾斜角度，并开启关键帧，在 1 秒处再次设置旋转角度、倾斜角度，在 3 秒处还原旋转角度、倾斜角度。此时，观看视频，感觉视频不太流畅，选中关键帧并右击，在弹出的快捷菜单中选择“贝塞尔曲线”命令，再次观看视频，视频将变得流畅。

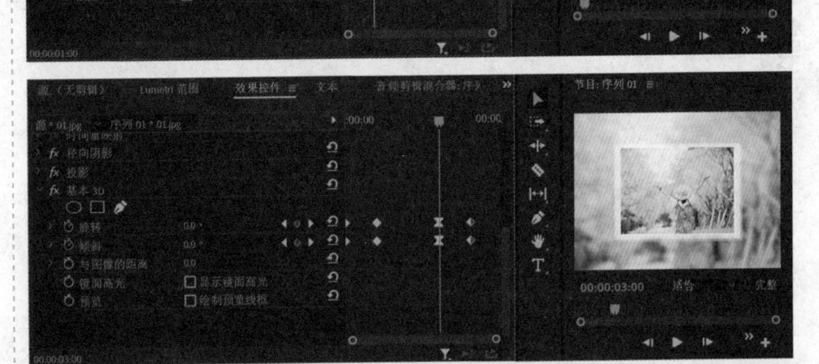

❼ 快速制作 02.jpg、03.jpg 的效果。在时间轴上，分别选中 V1、V2 轨道上的图片，按住“Alt”键并拖动鼠标将其拖至原图片之后，在项目素材中，选中 02.jpg，按住“Alt”键并拖动图片替换在 V2 轨道上复制的 01.jpg。使用同样的方法完成 03.jpg 的替换。为了避免效果单一，可以重复第 ❹ 步操作，更改参数值。

❽ 制作视频过渡效果。将“效果”→“视频过渡”→“3D运动”→“立方体旋转”效果拖至V2轨道的02.jpg上，松开鼠标。将“效果”→“视频过渡”→“页面剥落”→“翻页”效果拖至03.jpg上，松开鼠标，如右图所示。拖动时间线，查看视频效果。

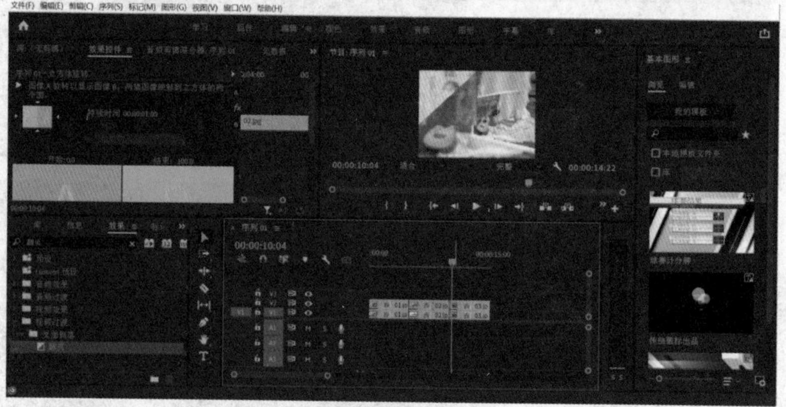

任务评价

1. 自我评价

☐ 掌握“效果”标签页中“模糊与锐化”“径向阴影”“投影”“基本3D”效果的应用

☐ 掌握使用关键帧创建动画效果的方法

☐ 掌握使用“3D运动”“页面剥落”选项制作“视频过渡”效果的方法

2. 教师评价

工作页完成情况：☐ 优 ☐ 良 ☐ 合格 ☐ 不合格

任务十 制作字幕文字动画

学习领域：动画制作	班级：	姓名：
	地点：	日期：

任务目标

1. 掌握创建文字的方法；
2. 掌握创建文字及图形的基本操作；
3. 学会运用文字动画；
4. 优化作业环境，提高操作效率。

任务导入

欣赏文字动画，感受在设计作品中使用文字美化版面、传递信息的效果。

任务准备

准备计算机并安装 PR。

任务实施

步骤	说明或截图
❶在菜单栏中选择“文件”→“新建”→“项目”命令（快捷键：Ctrl+Alt+N），设置名称，并单击“浏览”按钮设置保存路径。在“项目”面板空白处右击，在弹出的快捷菜单中选择“新建项目”→“序列”命令（快捷键：Ctrl+N），在打开的“新建序列”对话框中设置序列属性及名称，如右图所示。	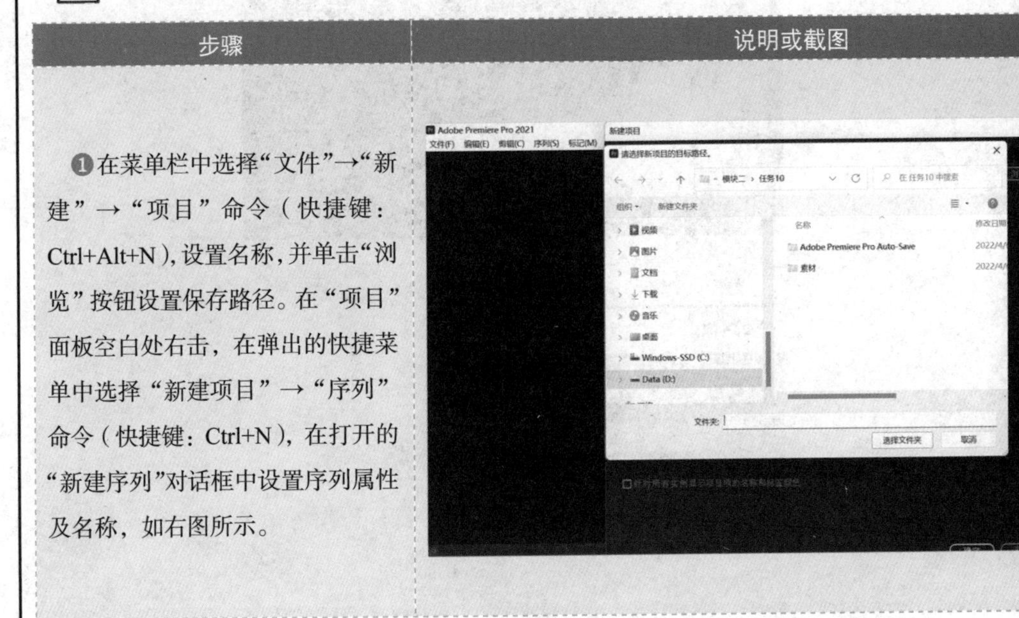

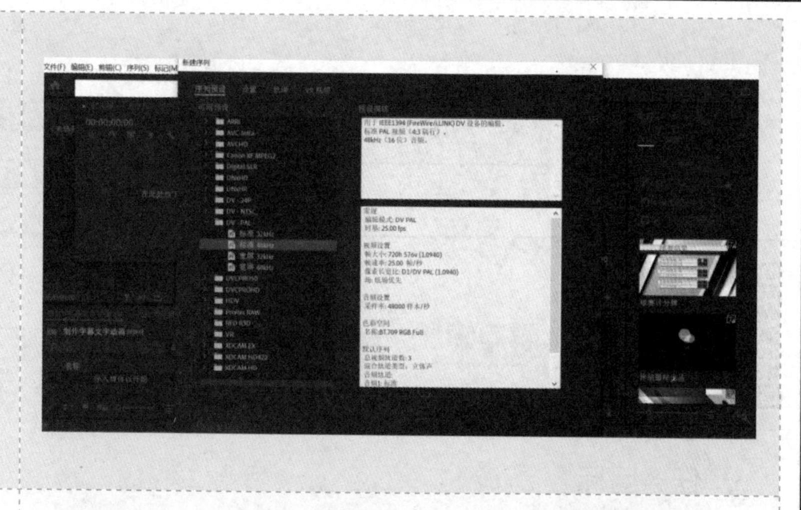

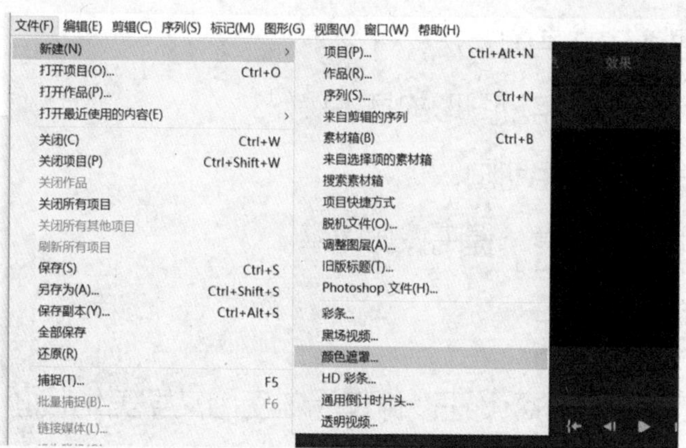

❷在画面中制作洋红背景。选择“文件”→“新建”→“颜色遮罩”命令，在弹出的“拾色器”对话框中设置颜色为洋红，单击“确定”按钮。将颜色遮罩名称修改为“背景”。

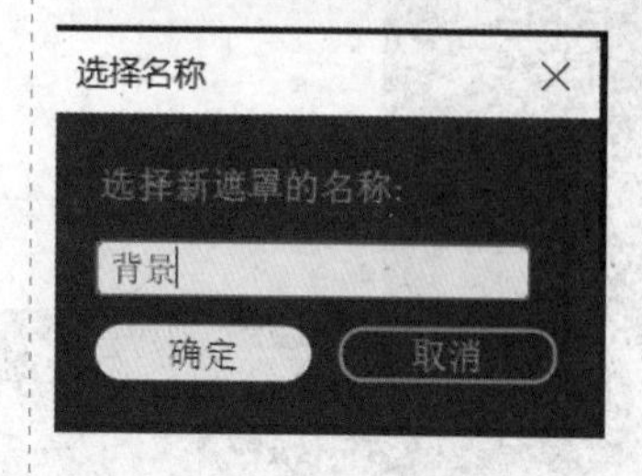

❸将“项目”面板中的颜色遮罩“背景”拖至V1轨道上，如右图所示。双击“项目”面板空白处（快捷键：Ctrl+I），导入01.png素材，将此素材拖至V2轨道上，右击01.png，在弹出的快捷菜单中选择“缩放为帧大小”命令，设置“缩放”参数值为“78.0”。

将时间线移至2秒处，在“效果控件”面板中，为“缩放”参数设置关键帧。将时间线移至0秒处，在“效果控件”面板中，修改“缩放”参数值为“10.0”。

将时间线移至1秒处，在“效果控件”面板中，为“缩放”参数设置关键帧。将时间线移至2秒处，在“效果控件”面板中，修改“缩放”参数值为“10.0”。将时间线移至3秒处，在“效果控件”面板中，修改“缩放”参数值为“70.0”。

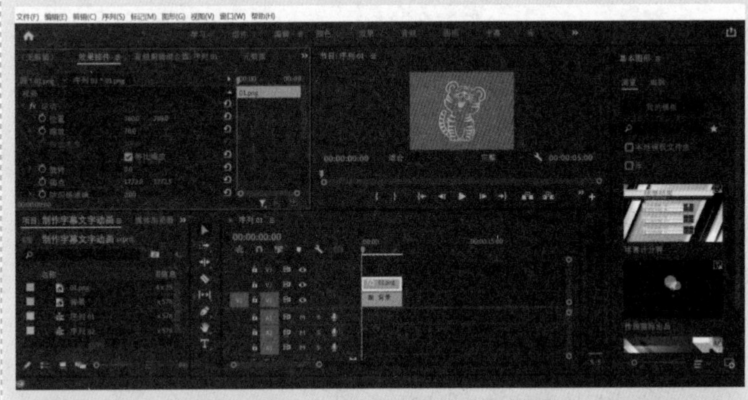

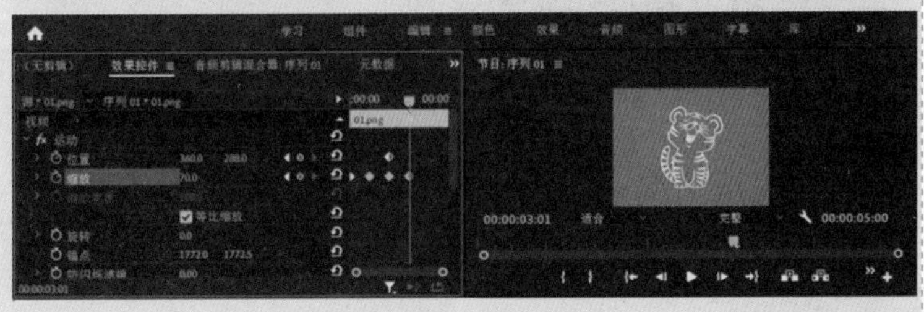

❹单击“文字工具”按钮T，输入文字“虎虎生威”，设置字体、字号并调整位置。将时间线移至0秒处，在“效果控件”面板中，修改“缩放”参数值为“10.0”。将时间线移至1秒处，在“效果控件”面板中，为“缩放”参数设置关键帧。将时间线移至2秒处，在“效果控件”面板中，修改“缩放”参数值为“10.0”。将时间线移至3秒处，在“效果控件”面板中，修改“缩放”参数值为“70.0”。将“效果”→“透视”→“基本3D”效果拖至“虎虎生威”文字上，设置“旋转”“倾斜”参数值。“新年快乐”文字效果的制作方法与“虎虎生威”文字效果的制作方法相同。

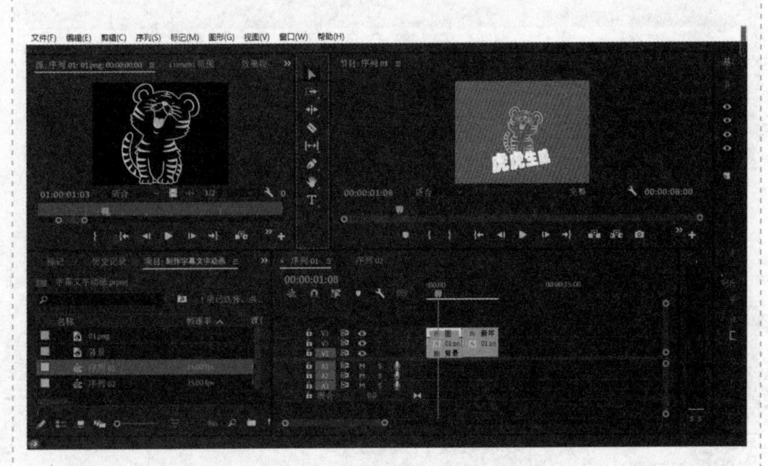

❺ 文字效果制作完成后，拖动时间线，观看视频效果。

任务评价

1. 自我评价

☐ 认识字幕工具

☐ 掌握创建文字的方法

☐ 掌握创建文字及图形的基本操作

☐ 学会运用文字动画

2. 教师评价

工作页完成情况：☐ 优 ☐ 良 ☐ 合格 ☐ 不合格

任务十一　制作头像动画

	学习领域：动画制作	班级：	姓名：
		地点：	日期：

任务目标

1. 掌握使用椭圆工具制作图像边框的方法；
2. 了解蒙版的作用，掌握绘制蒙版的方法；
3. 掌握通过给“偏移”属性添加关键帧，制作头像动画的方法；
4. 优化作业环境，提高操作效率。

任务导入

头像动画给人一种活泼、个性化的感觉。感受使用关键帧动画制作的头像动画效果。

任务准备

准备计算机并安装 PR。

任务实施

步骤	说明或截图
❶启动 PR，选择“文件”→“新建”→“项目”命令，新建项目，在“项目”面板空白处右击，在弹出的快捷菜单中选择“新建项目”→“序列”命令，新建序列，将准备好的人物素材 71674.png 依次拖至“项目”面板和时间轴上。	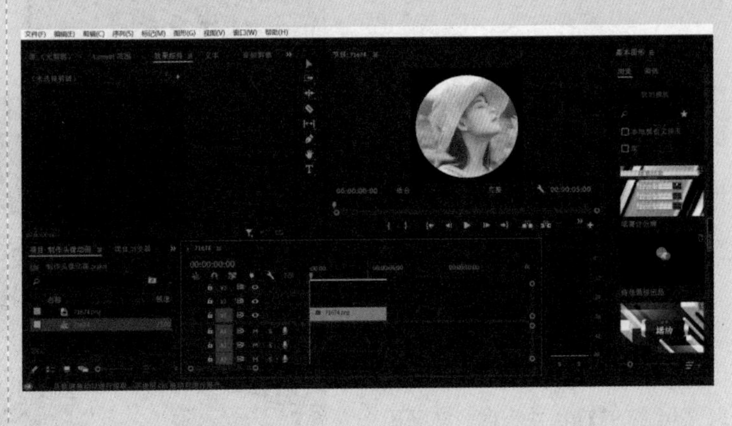

❷使用椭圆工具，在头像上绘制一个圆形，调整大小和位置，让圆形和头像完全重合，在“基本图形”标签页里取消勾选“填充”复选框，勾选“描边”复选框，设置参数值为“25.0”。按住“Alt”键并拖动鼠标，将V2轨道的素材拖至V3轨道上，复制一层。

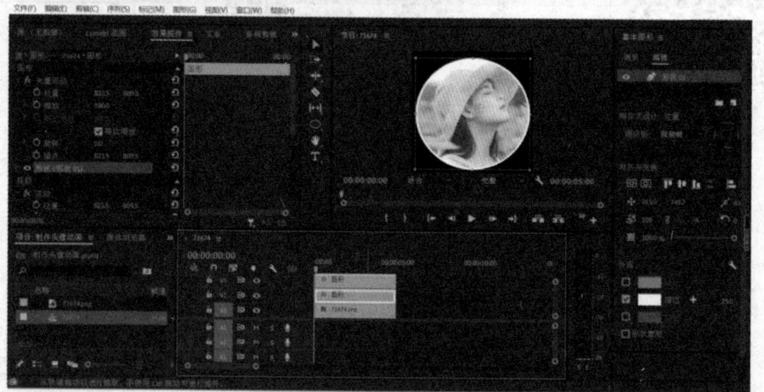

❸设置头像滚动效果。分别将V1和V3轨道上的素材往后拖动，如右图所示。设置V3轨道上素材的“运动”属性，将“缩放”参数值设为“80.0”。设置V1轨道上素材的“运动”属性，使头像刚好和内边框重合。

❹选中V1轨道上的素材，单击“效果”标签页，在搜索框中输入“偏移”，将“偏移”效果拖至V1轨道的素材上。

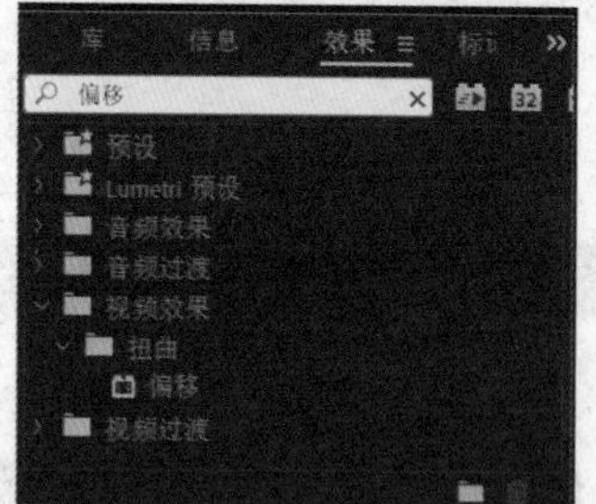

❺此时，调整“偏移”属性中的“将中心移位至”参数值可以移位图像。增大纵坐标值，查看效果，可以看出头像超出了内框。

解决办法：给偏移效果加上蒙版。

使用椭圆工具，先拖动上下左右4个锚点，将蒙版和图像完全重合，再调整偏移的数值，使头像只在蒙版中显示。

❻设置偏移动画效果。将时间线移至V1 轨道上图片素材的开头，单击“将中心位移至”参数前的关键帧记录器，将时间线移至 2 秒处，设置“将中心移位至”参数的纵坐标值为“2349”，让头像刚好回正。	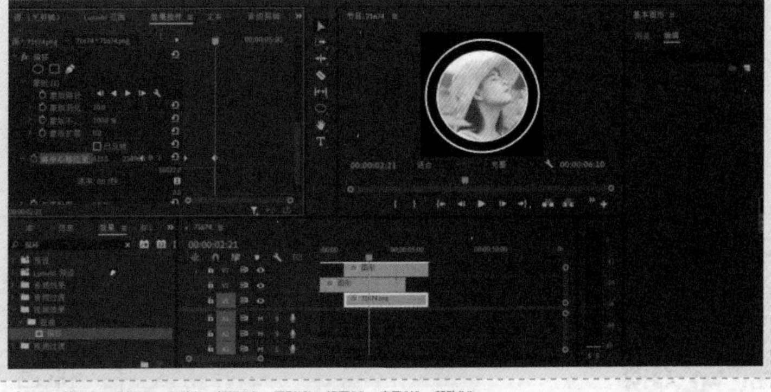
❼设置空间位移的关键帧临时插值，手动调整“贝塞尔曲线”，拖动曲线控制柄调节曲线两侧，改变动画的运动速度。曲线越高，表示运动速度越快，曲线越低则运动速度越慢。	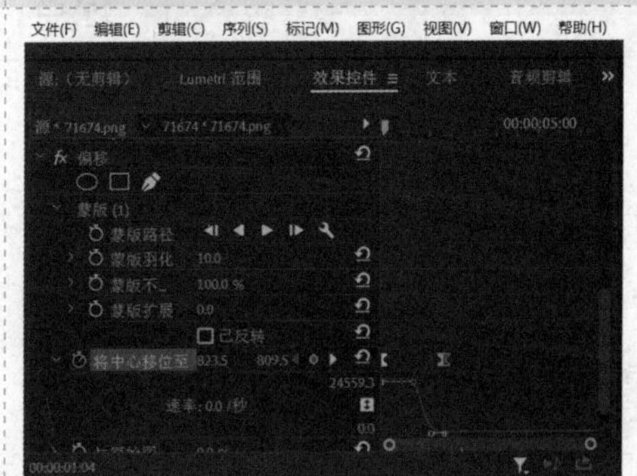
❽为了达到更好的视觉效果，还可以添加更多的细节效果，例如，图像运动速度越快越模糊，运动速度越慢则越清晰。单击“效果”标签页，在搜索框中输入“方向模糊”，将“方向模糊”效果拖至 V1 素材上。对齐上面中心位移第 1 个关键帧，单击“模糊长度”参数前的关键帧记录器，将参数值设置为“40.0”；对齐中心位移第 2 个关键帧，将“模糊长度”参数值设置为“0.0”。查看效果。	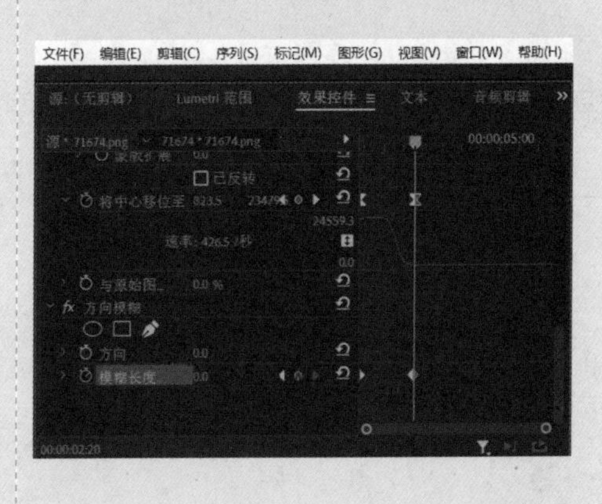

任务评价

1. 自我评价

□ 了解蒙版的作用，掌握绘制蒙版的方法

□ 掌握椭圆工具的用法

□ 掌握关键帧的基本操作

□ 学会应用“偏移”属性

2. 教师评价

工作页完成情况：□ 优 □ 良 □ 合格 □ 不合格

任务十二 制作淡入淡出效果

	学习领域：动画制作	班级：	姓名：
		地点：	日期：

任务目标

1. 掌握“不透明度”参数的用法；
2. 掌握“缩放”“位置”参数的用法；
3. 掌握关键帧动画的创建、编辑等操作；
4. 感受半透明的视觉效果。

任务导入

通过创建、编辑关键帧，并搭配使用“不透明度”“缩放”“位置”等不同的参数，感受淡入淡出的视觉效果。

任务准备

准备计算机并安装 PR。

任务实施

步骤	说明或截图
❶启动 PR，选择“文件”→“新建”→“项目”命令，新建项目，在“项目”面板空白处右击，在弹出的快捷菜单中选择“新建项目”→“序列”命令，新建序列，在“项目”面板空白处双击，导入全部素材文件。 选中素材，将其拖至时间轴上，此时在时间轴上生成序列。	

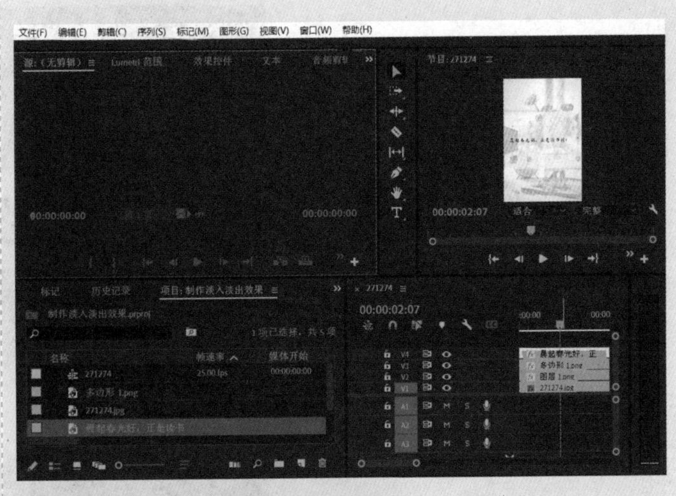

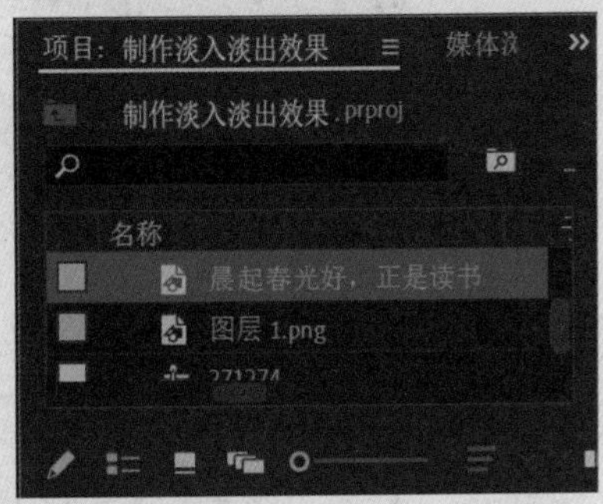

❷分别单击V3、V4轨道上的“小眼睛”按钮，隐藏素材。单击V2轨道上的素材，将时间线移至起始位置，设置“不透明度”参数值为“60.0%”。

❸单击V2轨道上的素材，将时间线移至起始位置，设置“位置”参数值为“2340.0，3360.0”。将时间线移至第20帧处，设置“缩放”参数值为“130.0”。

❹单击 V3 轨道上的“小眼睛”按钮，显示 V3 轨道上的素材，单击“不透明度”参数前的关键帧记录器，设置参数值为“40.0%”，将时间线移至 1 秒第 15 帧处，设置“不透明度”参数值为“100.0%”。

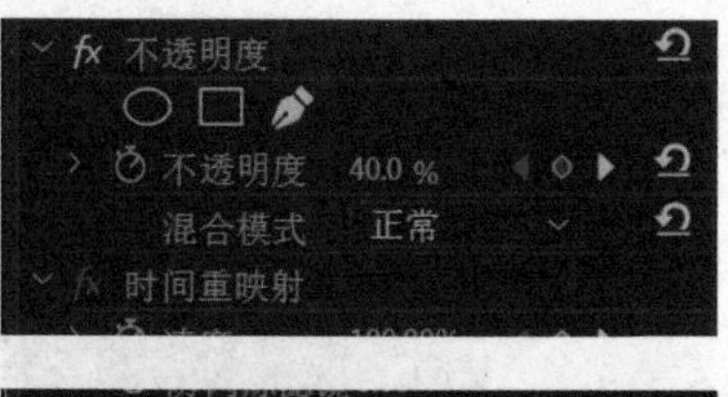

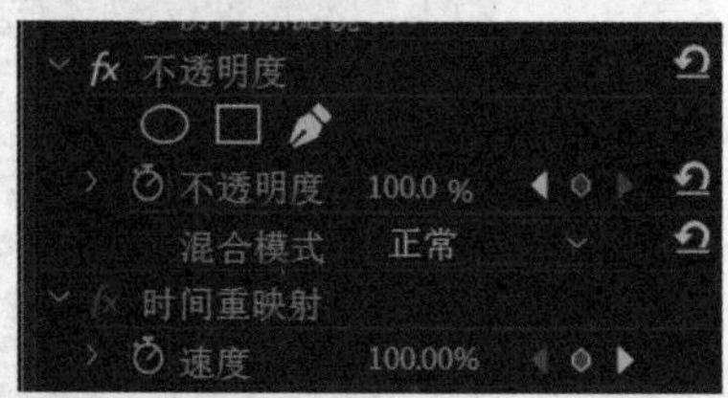

❺单击“位置”参数前的关键帧记录器，设置参数值为“-400.0，3360.0”，将时间线移至 1 秒第 15 帧处，设置“位置”参数值为“256.0，3360.0”。

❻显示 V4 轨道上的素材，将时间线移至 1 秒第 10 帧处，单击“位置”参数前的关键帧记录器，设置参数值为“-2136.2，3360.0”，将时间线移至 2 秒第 10 帧处，设置“位置”参数值为“2616.0，3360.0”。

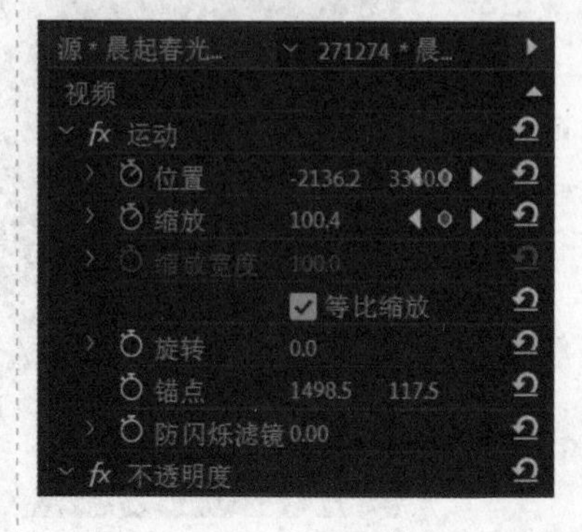

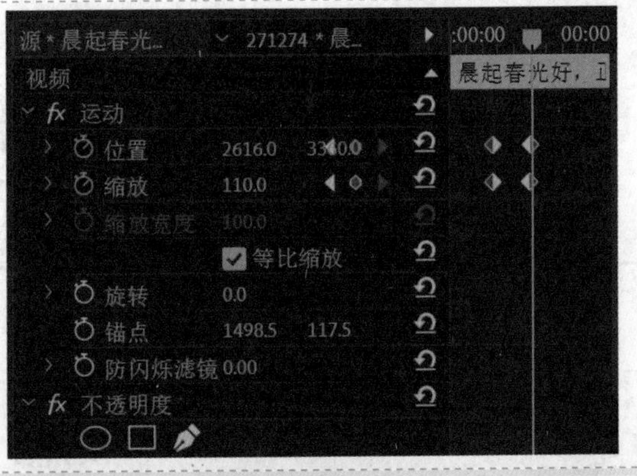

❼将时间线移至1秒第10帧处，单击“缩放”参数前的关键帧记录器，设置参数值为“100.0”，将时间线移至2秒第10帧处，设置“缩放”参数值为“110.0”。

任务评价

1. 自我评价

□ 掌握添加关键帧的方法

□ 掌握删除关键帧的方法

□ 掌握使用“不透明度”参数制作淡入淡出效果的方法

2. 教师评价

工作页完成情况：□ 优 □ 良 □ 合格 □ 不合格

任务十三 制作运动会片头动画

<table>
<tr><td rowspan="2"></td><td rowspan="2">学习领域：动画制作</td><td>班级：</td><td>姓名：</td></tr>
<tr><td>地点：</td><td>日期：</td></tr>
</table>

任务目标

1. 掌握“运动”属性中“缩放”“位置”参数的用法；
2. 掌握“不透明度”参数的用法；
3. 掌握关键帧动画的创建、编辑等操作；
4. 感受通过修改不同时间上“位置”“缩放”等参数值所产生的动画效果。

任务导入

通过创建、编辑关键帧，并搭配使用“不透明度”“缩放”“位置”等不同的参数，感受通过修改不同时间上“位置”“缩放”等参数值所产生的动画效果。

任务准备

准备计算机并安装 PR。

任务实施

步骤	说明或截图
❶启动 PR，新建项目，并新建序列，在“项目”面板空白处双击，导入全部素材文件。右击轨道，在弹出的快捷菜单中选择“添加多个轨道”命令，在弹出的“添加轨道”对话框中添加 5 个轨道。	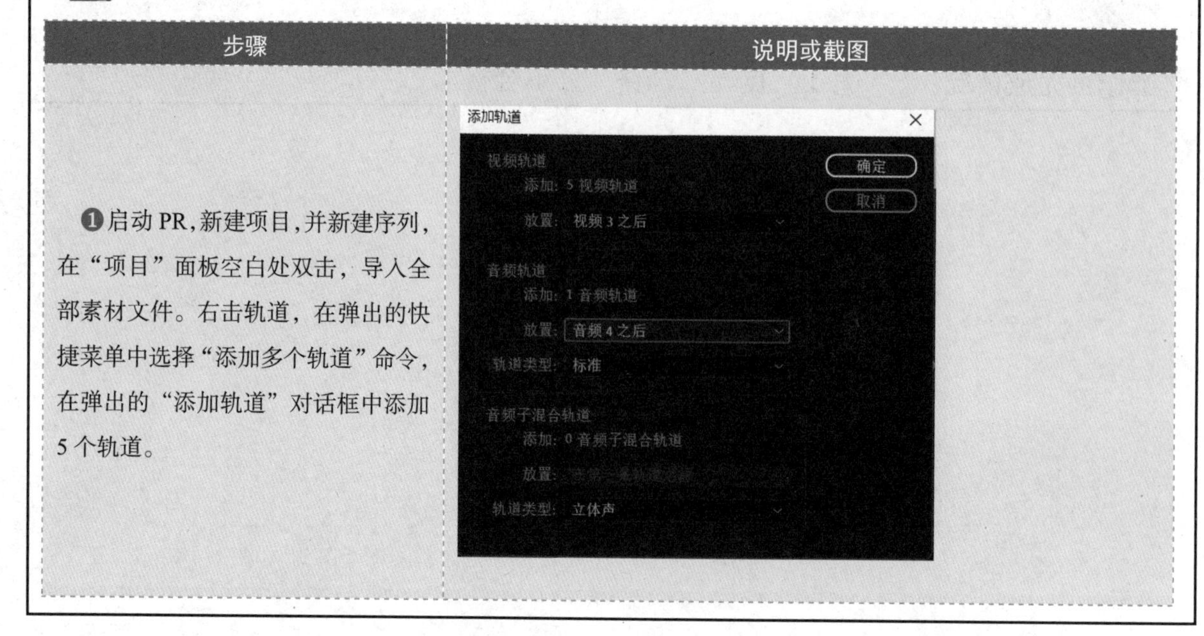

❷选中素材，将其拖至时间轴上，此时在时间轴上生成序列。单击素材轨道上的“小眼睛”按钮，隐藏V3～V8轨道上的素材。单击V2轨道上的素材，在“效果控件”面板中，设置“位置”参数值为“983.0，225.0”。

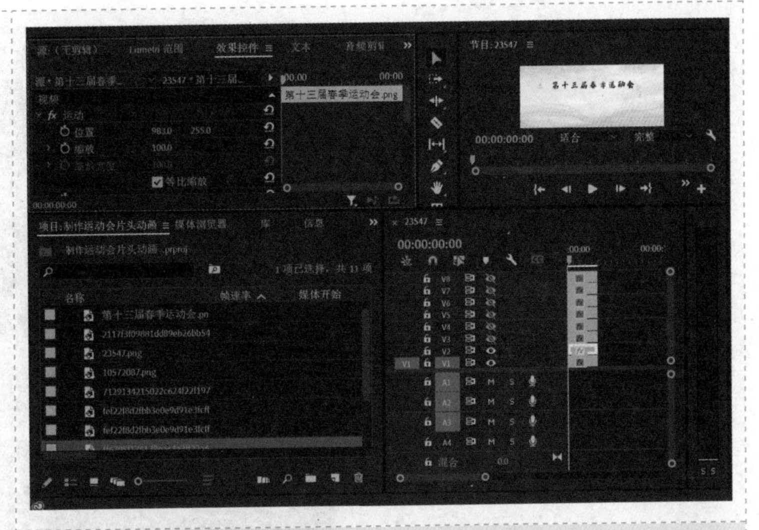

❸显示V3轨道上的素材，单击V3轨道上的素材，在“效果控件”面板中设置“位置”参数值为“977.0，344.0”。使用同样的方法，将V4～V8轨道上素材的“位置”参数值分别设置为“1021.0，4712.0”“369.0，671.0”“1489.0，611.0”“1769.0，510.0”“369.0，465.0”，“缩放”参数值分别设置为“136.0”“19.0”“53.0”“83.0”“20.0”。

❹将时间线移至第20帧处，依次为V2～V8轨道上的素材设置“运动”属性，如右图所示，单击对应素材的“位置”、“缩放”或“不透明度”参数前的关键帧记录器，为“位置”“缩放”“不透明度”参数设置关键帧。

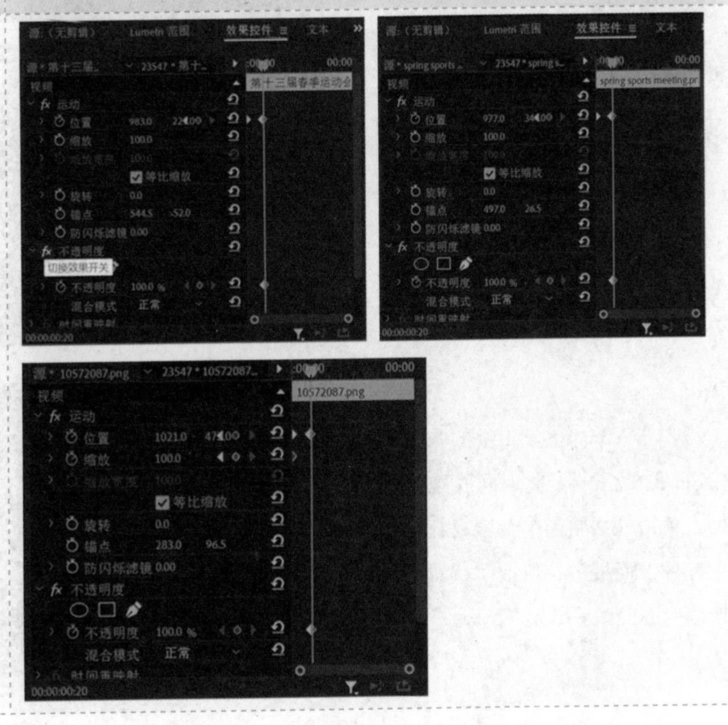

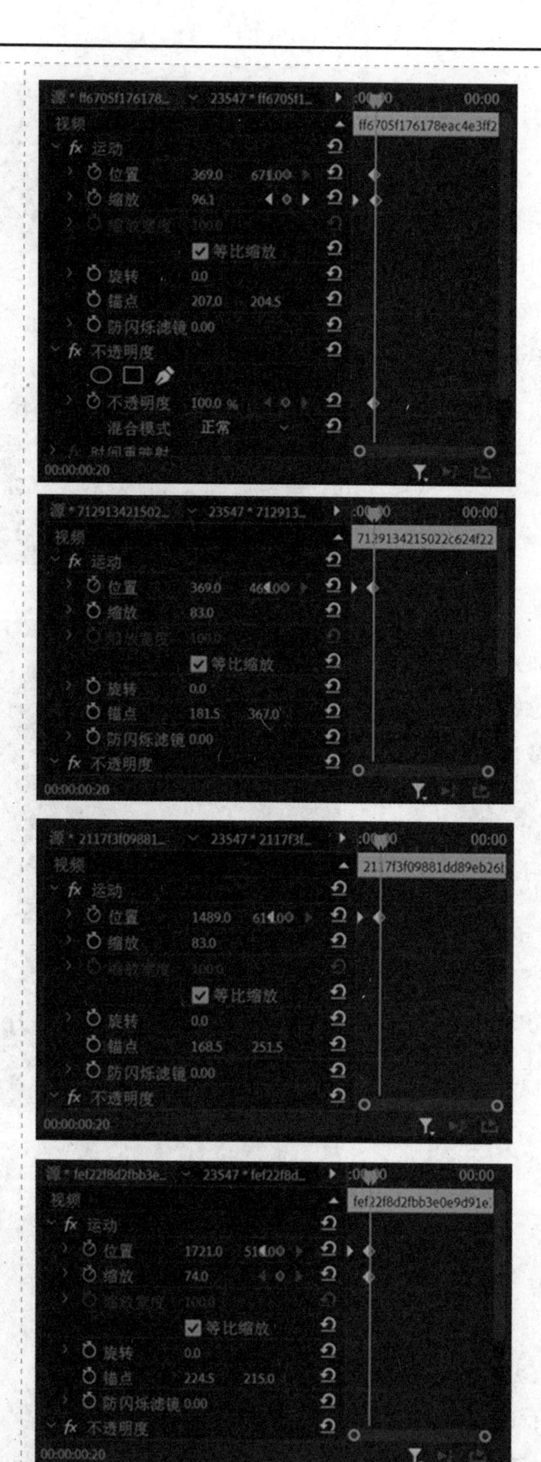

❺单击 V3～V8 轨道上的“小眼睛”按钮，隐藏素材，将时间线移至 0 秒处，单击 V2 轨道上的素材，在“效果控件”面板中，修改“位置”参数值为“983.0，-154.0”。

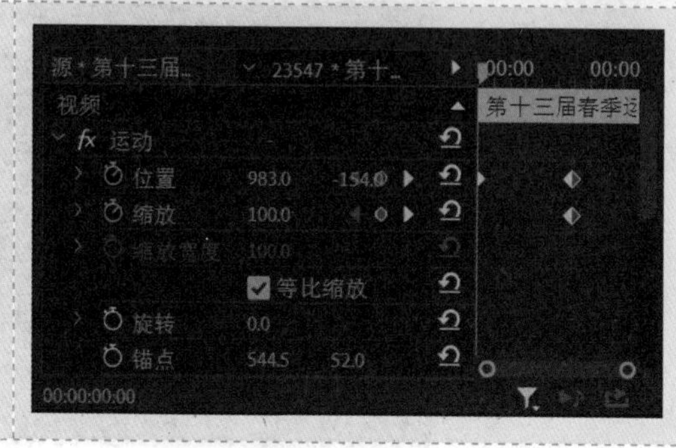

❻使用同样的方法，设置 V4 轨道上的素材，将“位置”参数值设置为“1021.0，471.2”；设置 V5 轨道上的素材，将“缩放”参数值设置为“19.0”；设置 V6 轨道上的素材，将“位置”参数值设置为“369.0，1353.0”；设置 V7 轨道上的素材，将“位置”参数值设置为“1592.0，573.0”，将“缩放”参数值设置为“35.0”，将“不透明度”参数值设置为“0.0%”；设置 V8 轨道上的素材，将“位置”参数值设置为“2058.0，611.0”。

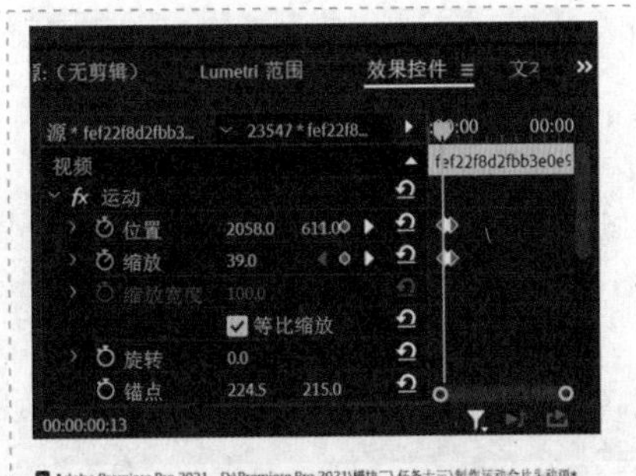

❼拖动时间线，查看效果。

任务评价

1. 自我评价

□ 掌握添加关键帧的方法

□ 掌握删除关键帧的方法

□ 掌握使用“运动”属性让元素有序出场的方法

2. 教师评价

工作页完成情况：□ 优 □ 良 □ 合格 □ 不合格

转场制作

任务一　水墨转场

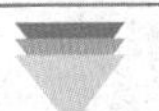

	学习领域：转场制作	班级：	姓名：
		地点：	日期：

任务目标

1. 掌握 PR 中“轨道遮罩键”的用法；
2. 掌握 PR 中剃刀工具的用法；
3. 学会运用“效果控件”面板调整参数；
4. 提升数字媒体的制作与创新能力。

任务导入

展示转场效果作品，感受转场效果的视觉美。

任务准备

1. 安装 PR 及运行环境；
2. 准备视频素材；
3. 准备水墨素材。

任务实施

步骤	说明或截图
❶将视频 1 素材放置到 V2 轨道上。	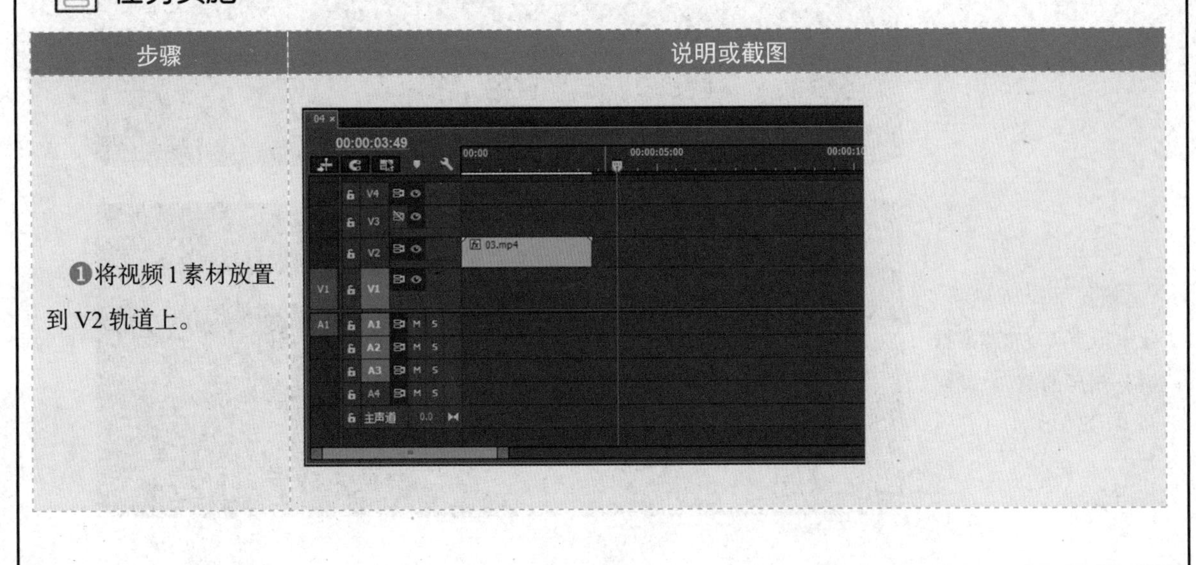

❷将水墨素材放置到 V3 轨道上需要转场的位置。

❸将视频 2 素材放置到 V1 轨道上需要转场的位置并和水墨素材对齐。

❹使用剃刀工具，在 V2 轨道素材需要转场的位置进行分割。

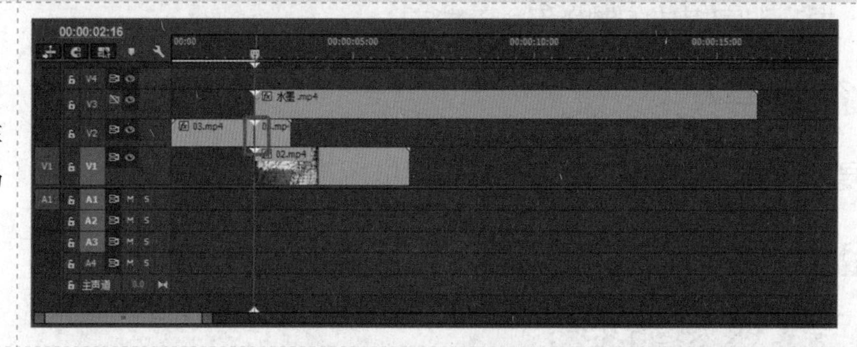

❺在“效果”标签页中搜索“轨道遮罩键”效果。

❻将“轨道遮罩键”效果拖至 V2 轨道素材被分割后的第 2 段视频上。

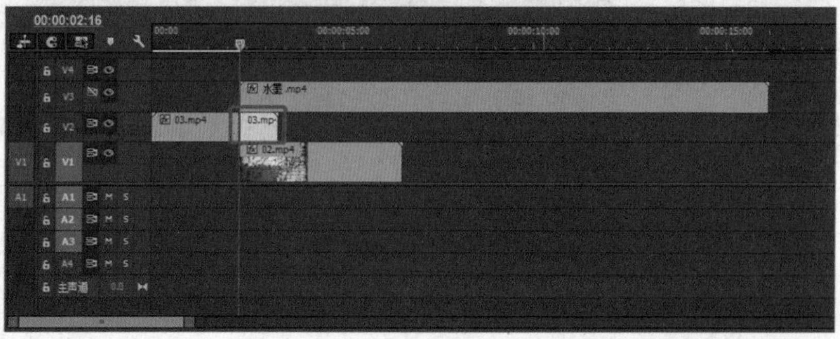

❼在“效果控件”面板的“轨道遮罩键”属性下，遮罩选择“视频3”（水墨素材所在轨道），合成方式选择“亮度遮罩”。

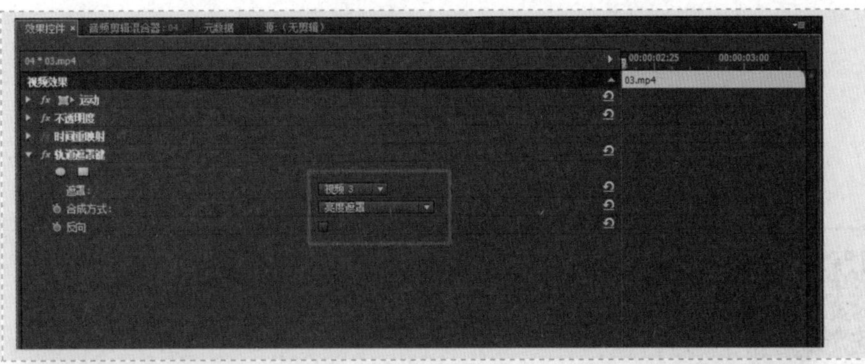

❽完成效果。

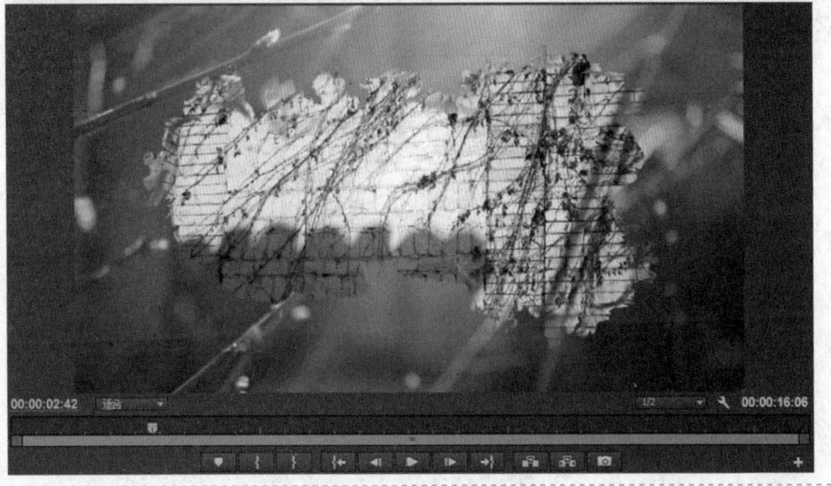

任务评价

1. 自我评价

☐ 导入视频素材，将其缩放为帧大小

☐ 掌握“轨道遮罩键”的用法

☐ 掌握剃刀工具的用法

☐ 导出序列，形成 MP4 影片

2. 教师评价

工作页完成情况：☐ 优 ☐ 良 ☐ 合格 ☐ 不合格

任务二　亮度键转场

	学习领域：转场制作	班级：	姓名：
		地点：	日期：

任务目标

1. 掌握 PR 中“亮度键”的用法；
2. 掌握 PR 中剃刀工具的用法；
3. 学会运用“效果控件”面板调整参数；
4. 提升数字媒体的制作与创新能力。

任务导入

展示转场效果作品，感受转场效果的视觉美。

任务准备

1. 安装 PR 及运行环境；
2. 准备两个视频素材。

任务实施

步骤	说明或截图
❶ 将视频 1 放置到 V1 轨道上，视频 2 放置到 V2 轨道上，让视频 1 和视频 2 的某些部分重叠，重叠部分就是转场的部分。	

❷ 使用剃刀工具在V2轨道素材和V1轨道素材结尾对齐的地方进行分割。

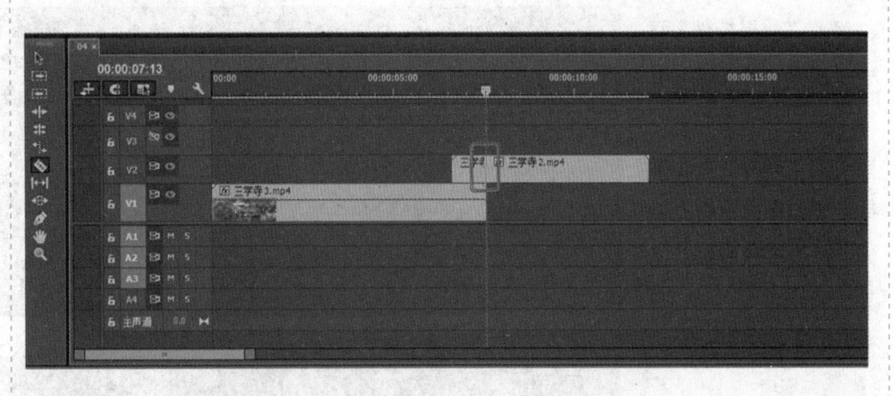

❸ 在“效果”标签页中搜索“亮度键”效果。

❹ 将“亮度键”效果拖至从V2轨道素材分割出来的第1段视频上（即V2轨道素材和V1轨道素材重叠的部分）。

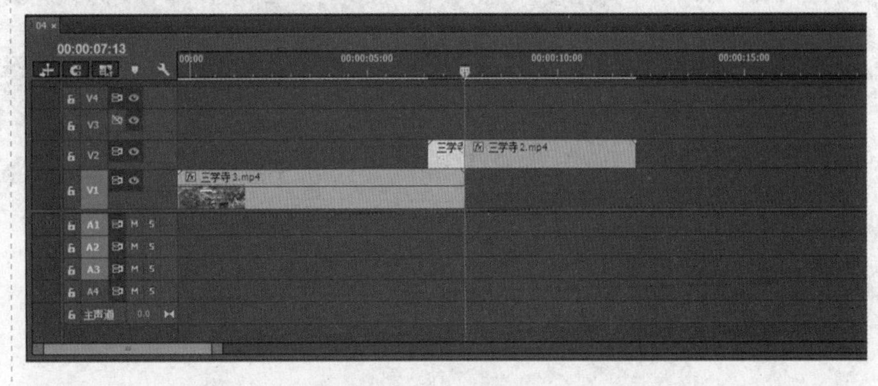

❺ 将时间线移至V2轨道素材起始处。

❻在“效果控件”面板中展开“亮度键”属性，单击“阈值”和”屏蔽度”参数前面的关键帧记录器，开启关键帧，并将参数值都设置为“0.0%”。

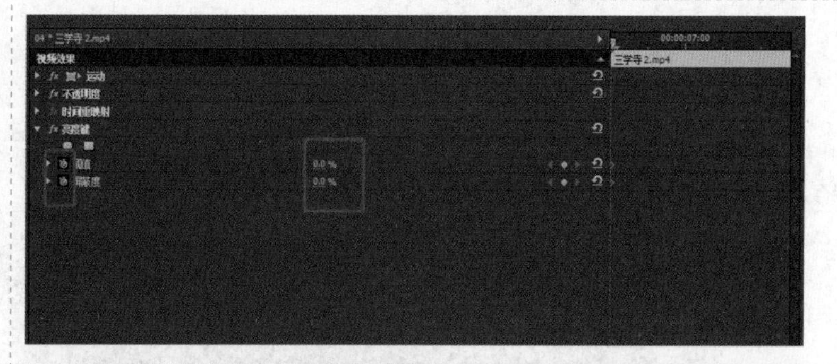

❼选中 V2 轨道素材的第 1 段视频并将时间线移至 V1 轨道素材结束的位置。

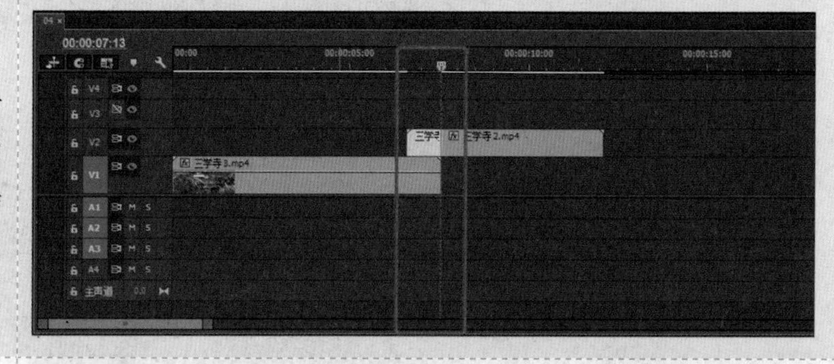

❽在“效果控件”面板中展开”亮度键”属性，将“阈值”和“屏蔽度”参数值都设置为“100.0%”。

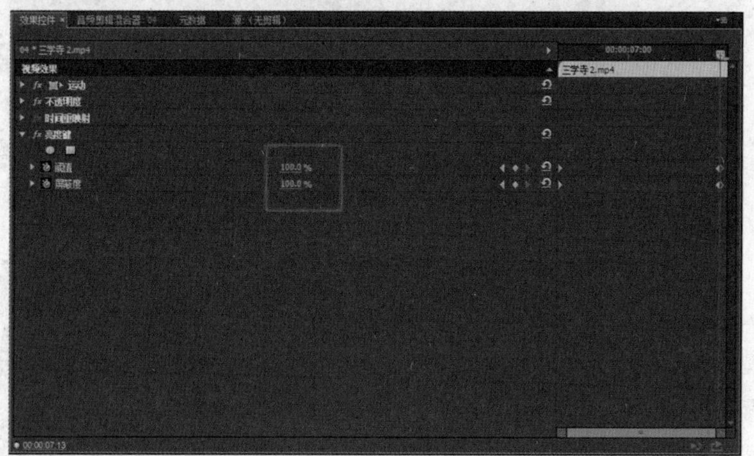

任务评价

1. 自我评价

□ 导入视频素材，将其缩放为帧大小

□ 掌握“亮度键”的用法

□ 掌握剃刀工具的用法

□ 导出序列，形成 MP4 影片

2. 教师评价

工作页完成情况：□ 优 □ 良 □ 合格 □ 不合格

任务三　左右无缝转场

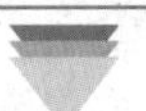

	学习领域：转场制作	班级：	姓名：
		地点：	日期：

任务目标

1. 掌握 PR 中“变换”效果的用法；
2. 掌握 PR 中剃刀工具的用法；
3. 学会运用“效果控件”面板调整参数；
4. 提升数字媒体的制作与创新能力。

任务导入

展示转场效果作品，感受转场效果的视觉美。

任务准备

1. 安装 PR 及运行环境；
2. 准备两个视频素材。

任务实施

步骤	说明或截图
❶将视频 1 和视频 2 分别拖至 V1、V2 轨道上并使其部分重叠。	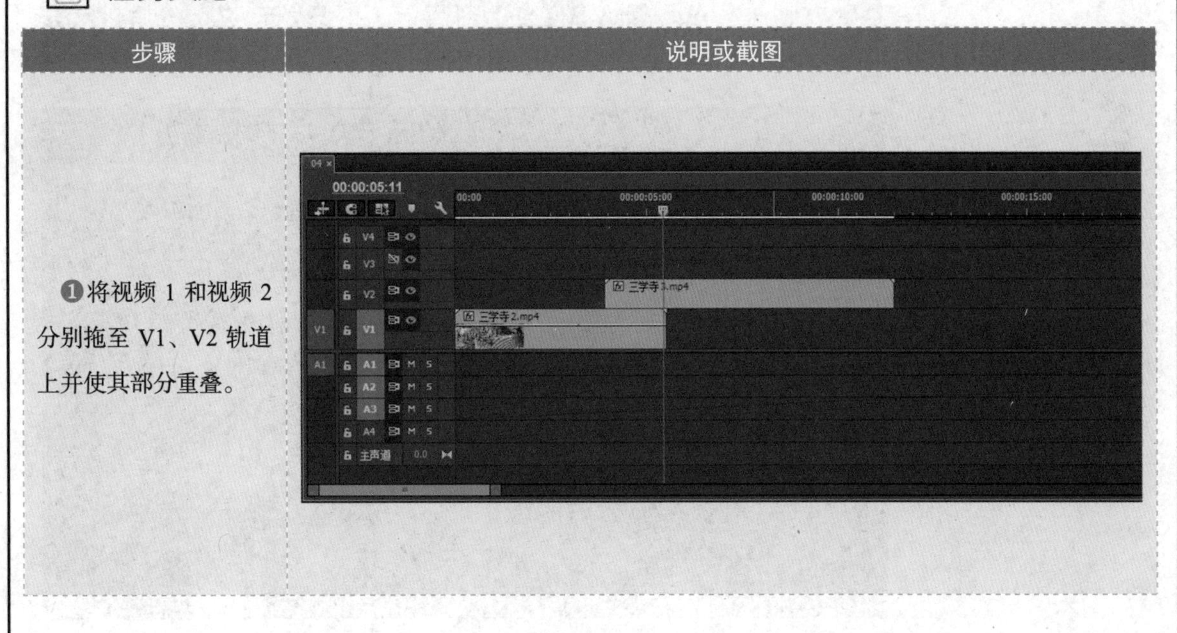

❷使用剃刀工具裁切出重叠部分。

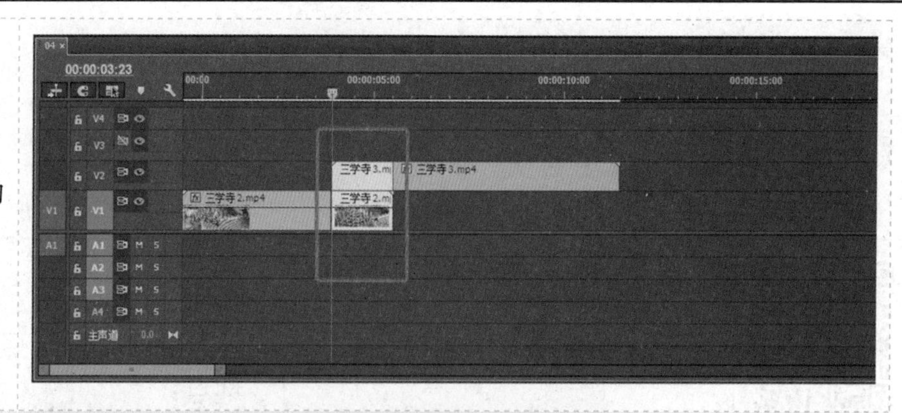

❸在“效果”标签页中搜索“变换”效果，将“变换”效果分别拖至两个重叠素材上。

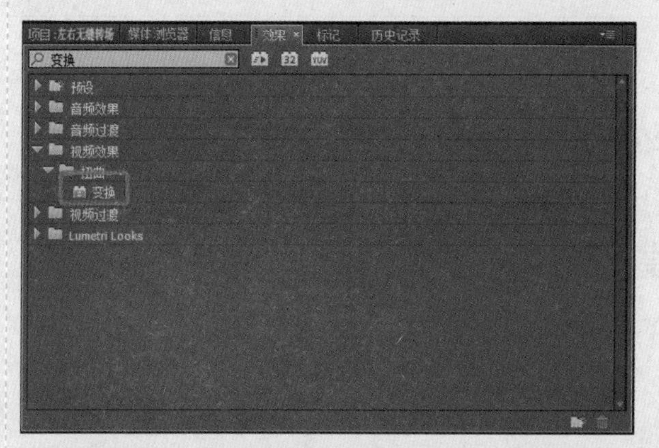

❹选中 V1 轨道重叠素材，将时间线移至重叠素材起始处。

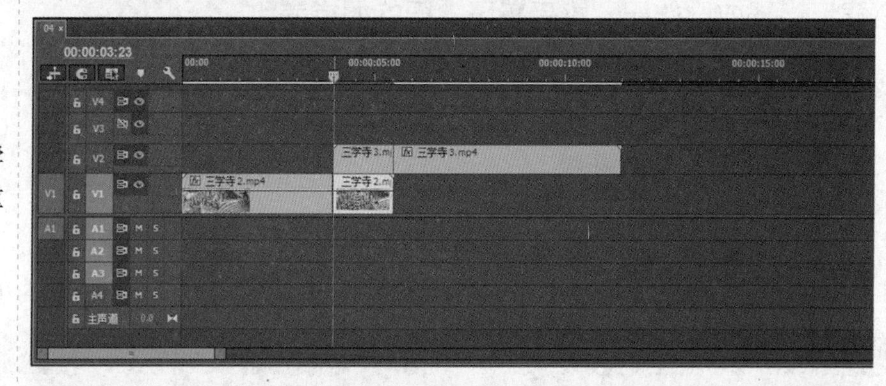

❺单击“效果控件”→“位置”参数前的关键帧记录器，开启关键帧。

⑥ 选中 V1 轨道重叠素材，将时间线移至重叠素材结束处。

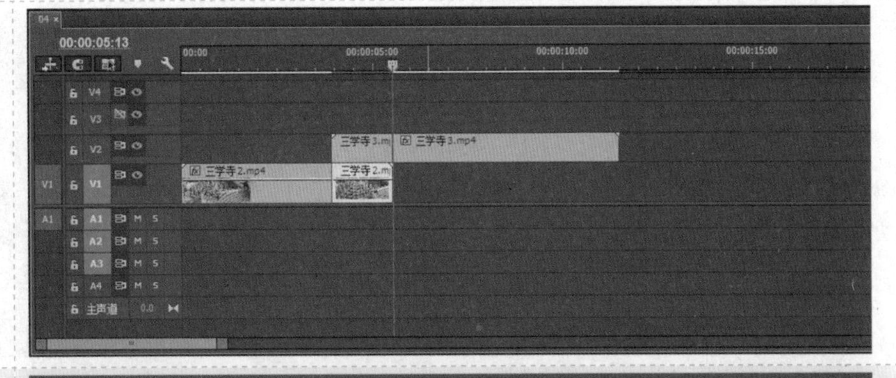

⑦ 在“效果控件”面板中，将“位置”参数的 X 轴设置成“-960.0”（如果视频原位置为 X，则设置成 $-X$）。

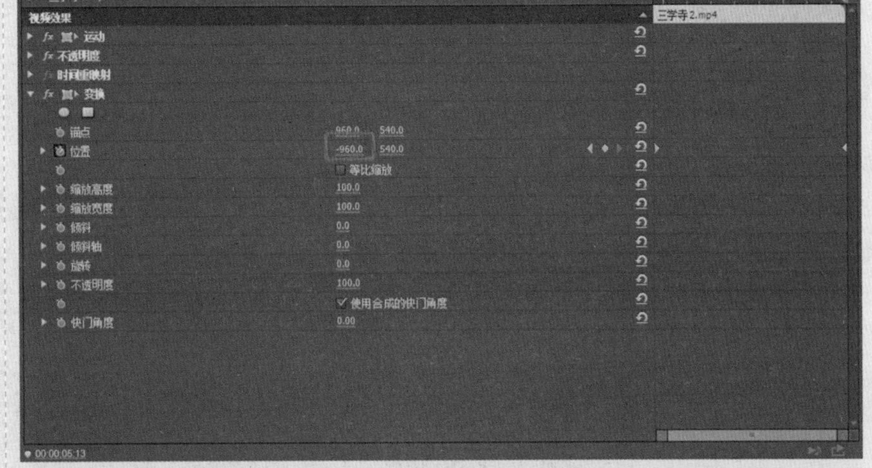

⑧ 选中 V2 轨道重叠素材，将时间线移至重叠素材开始处。

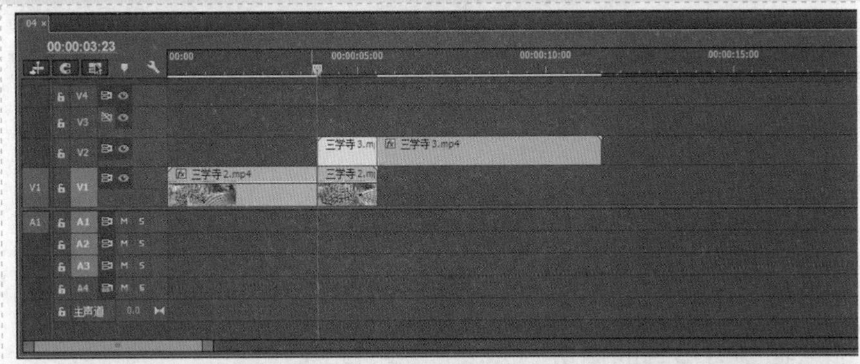

⑨ 在“效果控件”面板中，将“位置”参数的 X 轴设置成“2880.0”（如果视频原位置为 X，则设置成 $3X$）。

⑩ 选中 V2 轨道重叠素材，将时间线移至重叠素材结束处。

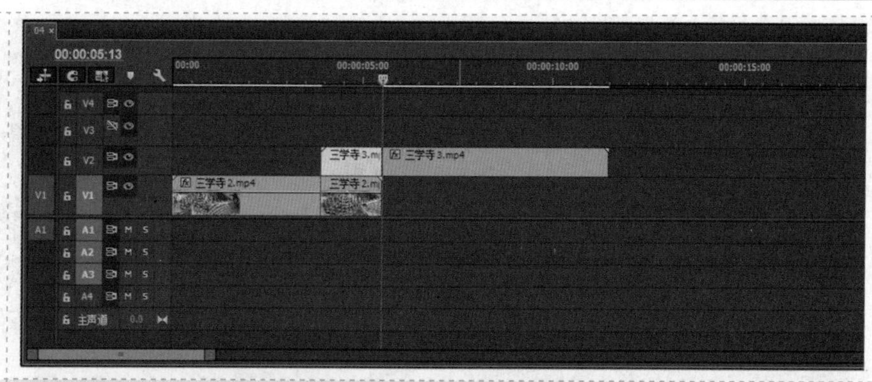

⑪ 在“效果控件”面板中，将“位置”参数的 X 轴设置成“960.0”（如果视频原位置为 X，则设置成 X）。

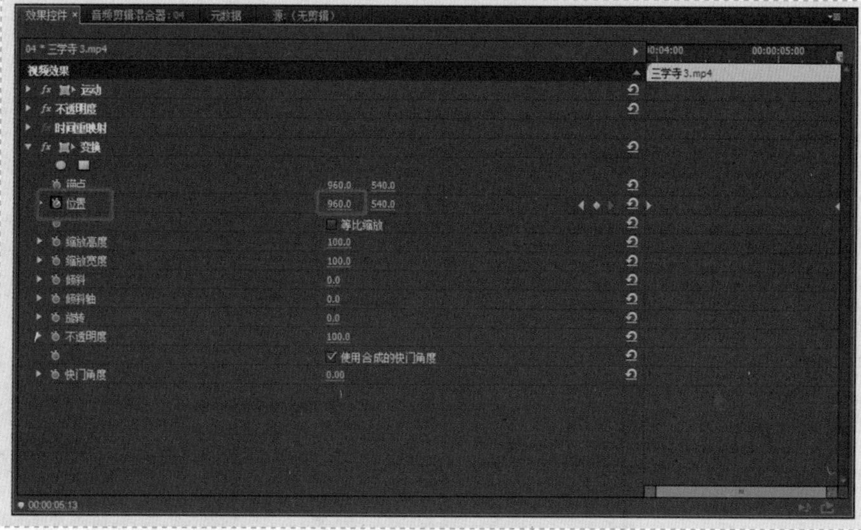

任务评价

1. 自我评价

□ 导入视频素材，将其缩放为帧大小

□ 掌握“变换”效果的用法

□ 掌握剃刀工具的用法

□ 导出序列，形成 MP4 影片

2. 教师评价

工作页完成情况：□ 优 □ 良 □ 合格 □ 不合格

任务四　笔刷效果转场

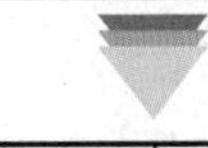

<table>
<tr><td rowspan="2"></td><td rowspan="2">学习领域：转场制作</td><td>班级：</td><td>姓名：</td></tr>
<tr><td>地点：</td><td>日期：</td></tr>
</table>

任务目标

1. 掌握 PR 中“轨道遮罩键”的用法；
2. 掌握 PR 中剃刀工具的用法；
3. 学会运用“效果控件”面板调整参数；
4. 提升数字媒体的制作与创新能力。

任务导入

展示转场效果作品，感受转场效果的视觉美。

任务准备

1. 安装 PR 及运行环境；
2. 准备两个视频素材；
3. 准备一个笔刷素材。

任务实施

步骤	说明或截图
❶ 将两个视频素材分别放置到 V1 和 V2 轨道上。将笔刷素材放置到 V3 轨道上。	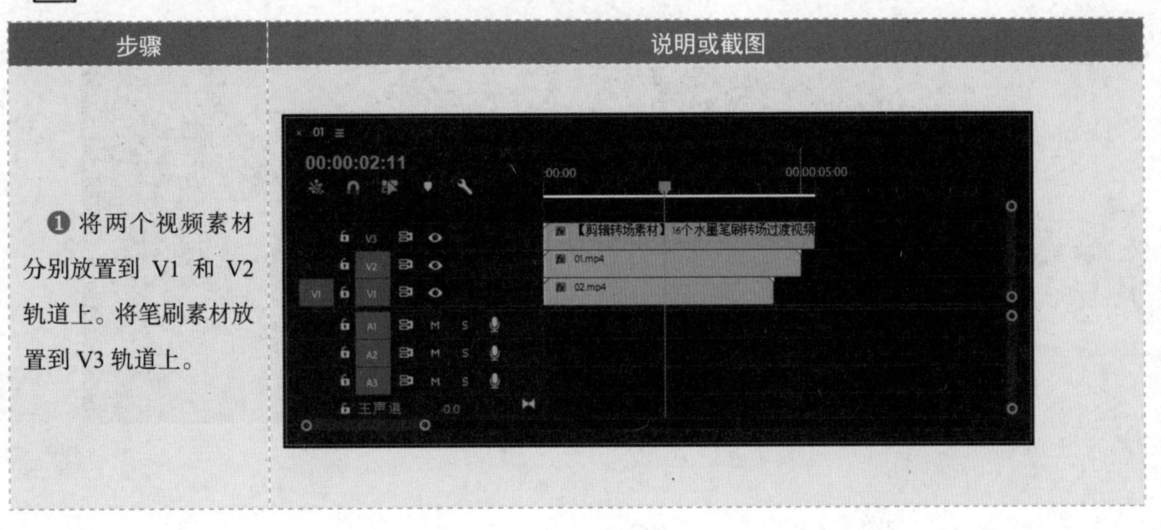

❷ 调整笔刷素材的时间长度，使其和 V1 轨道视频素材的结尾处对齐。使用剃刀工具在 V2 轨道和 V1 轨道对齐处进行分割。

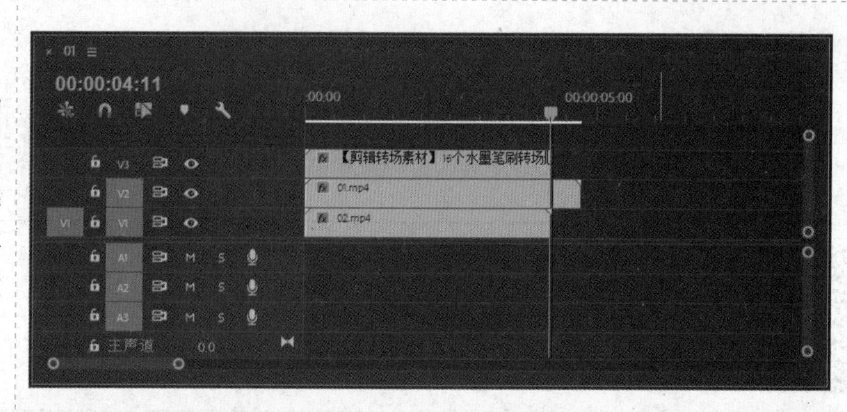

❸选中 V2 轨道上的第 1 段视频素材。

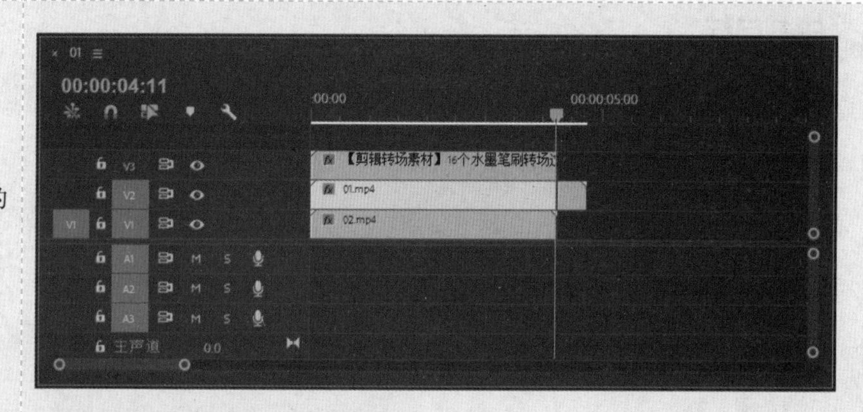

❹在“效果”标签页中搜索“轨道遮罩键”效果。

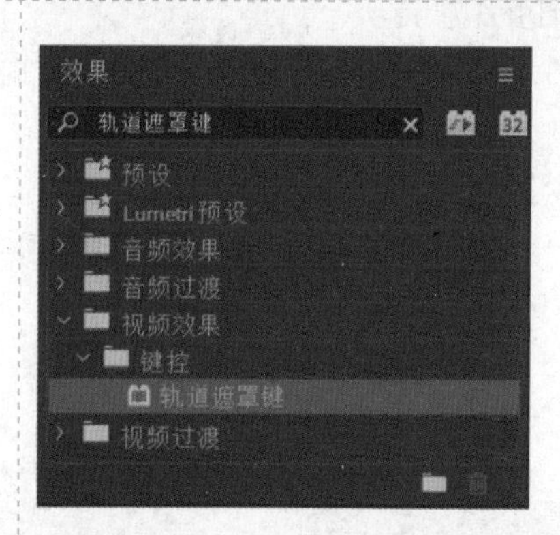

❺将“轨道遮罩键”效果拖至 V2 轨道的第 1 段视频素材上。

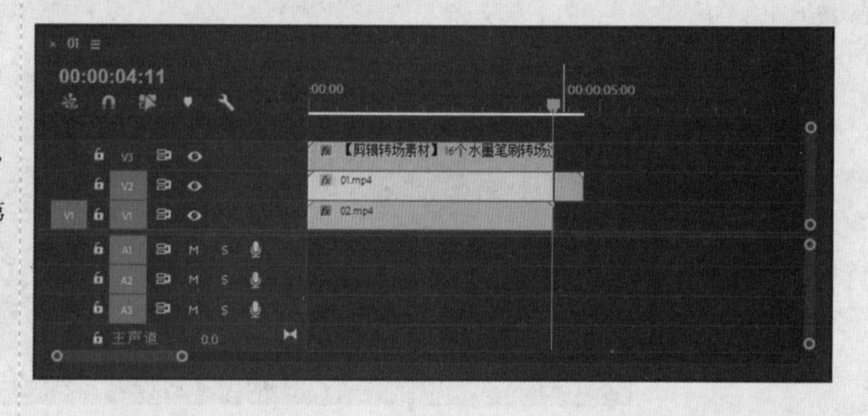

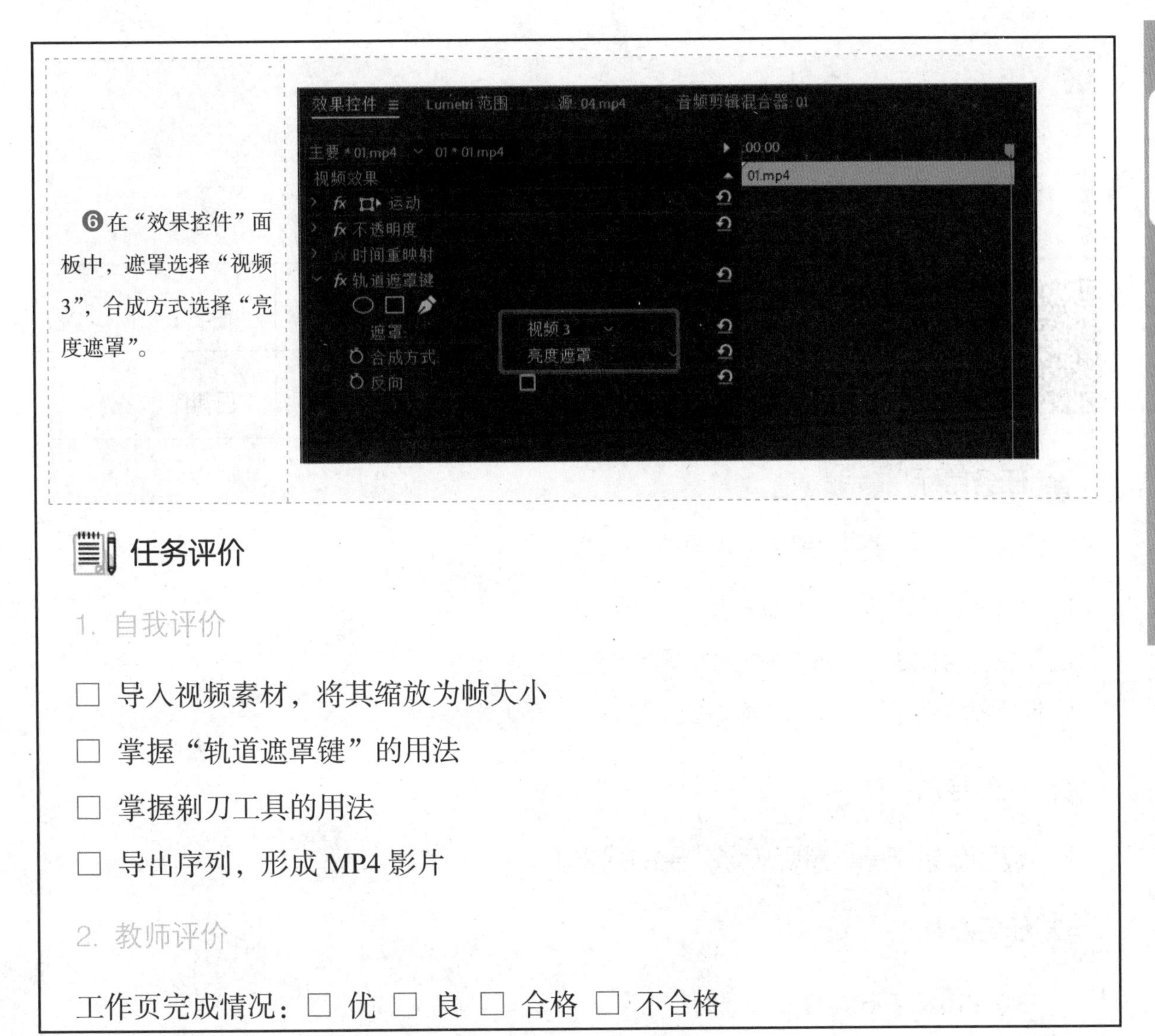

❻在“效果控件”面板中，遮罩选择“视频3”，合成方式选择“亮度遮罩”。

任务评价

1. 自我评价

□ 导入视频素材，将其缩放为帧大小

□ 掌握“轨道遮罩键”的用法

□ 掌握剃刀工具的用法

□ 导出序列，形成 MP4 影片

2. 教师评价

工作页完成情况：□ 优 □ 良 □ 合格 □ 不合格

任务五　渐变擦除转场

	学习领域：转场制作	班级：	姓名：
		地点：	日期：

任务目标

1. 掌握 PR 中“渐变擦除”效果的用法；
2. 掌握 PR 中剃刀工具的用法；
3. 学会运用“效果控件”面板调整参数；
4. 提升数字媒体的制作与创新能力。

任务导入

展示转场效果作品，感受转场效果的视觉美。

任务准备

1. 安装 PR 及运行环境；
2. 准备两个视频素材。

任务实施

步骤	说明或截图
❶ 将两个视频素材分别放置到 V1 和 V2 轨道上并使其部分重叠。	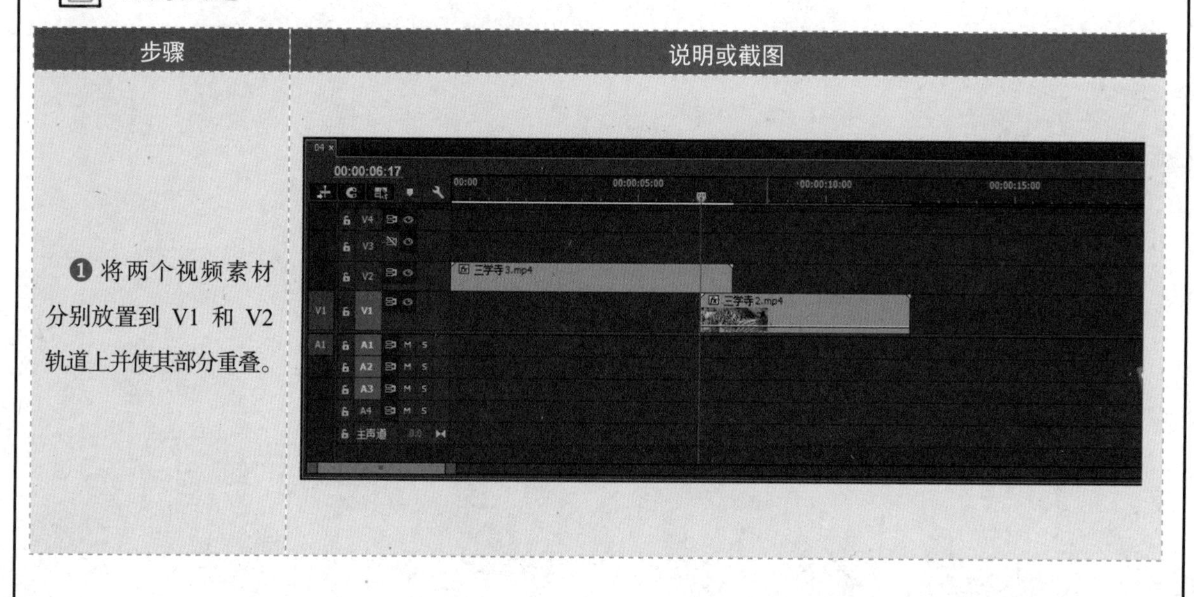

❷ 使用剃刀工具在V2 轨道视频素材与V1 轨道视频素材重叠起始处进行分割。

❸ 在“效果”标签页中搜索“渐变擦除”效果并将其拖至重叠视频素材上。

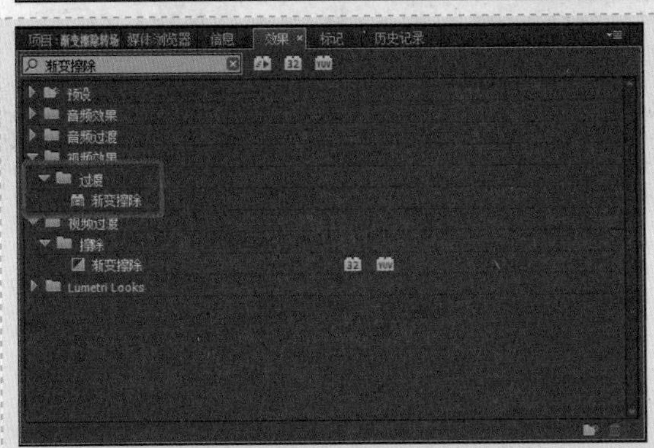

❹ 选中重叠视频素材，将播放指示器移至重叠视频素材起始处。

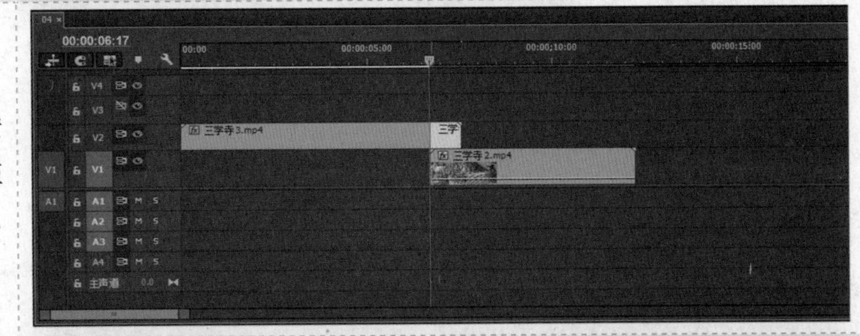

❺ 在“效果控件“面板中展开“渐变擦除”属性，单击“过渡完成”参数前面的关键帧记录器，开启关键帧。

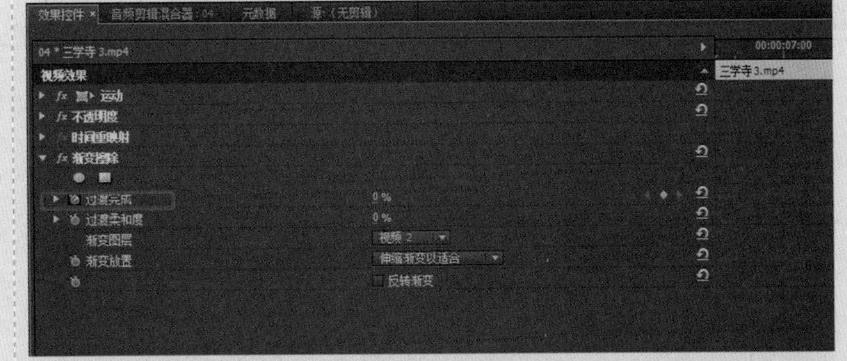

❻ 选中重叠视频素材，将播放指示器移至重叠视频素材结尾处。

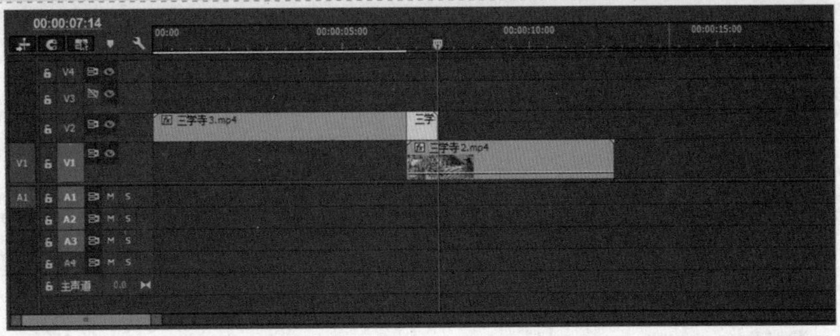

❼在"效果控件"面板中展开"渐变擦除"属性，单击"过渡完成"参数前面的关键帧记录器，开启关键帧，将参数值设置为"100%"。

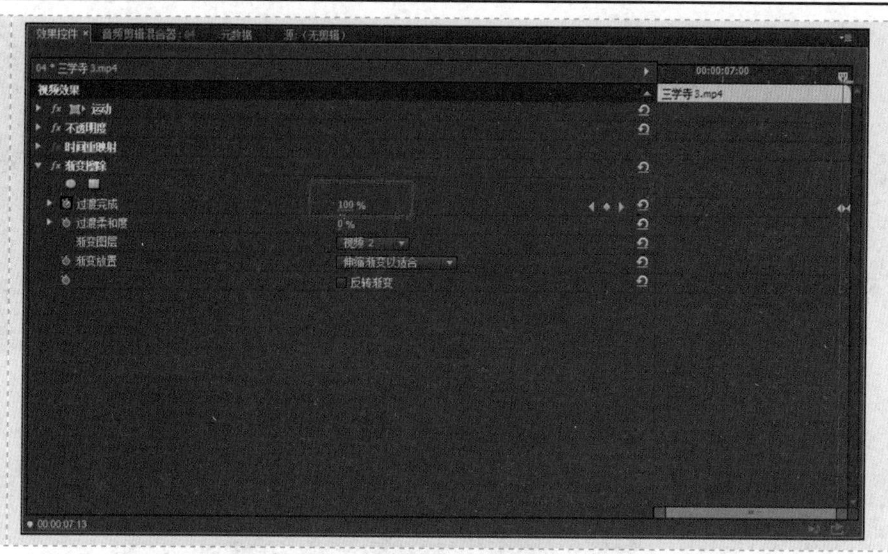

任务评价

1. 自我评价

□ 导入视频素材，将其缩放为帧大小

□ 掌握"渐变擦除"效果的用法

□ 掌握剃刀工具的用法

□ 导出序列，形成 MP4 影片

2. 教师评价

工作页完成情况：□ 优 □ 良 □ 合格 □ 不合格

任务六　划出转场

	学习领域：转场制作	班级：	姓名：
		地点：	日期：

任务目标

1. 熟悉划出转场呈现的画面效果；
2. 掌握“划出”效果的用法；
3. 掌握划出转场的参数的设置方法。

任务导入

感受划出转场产生的画面效果。

任务准备

准备计算机并安装 PR。

任务实施

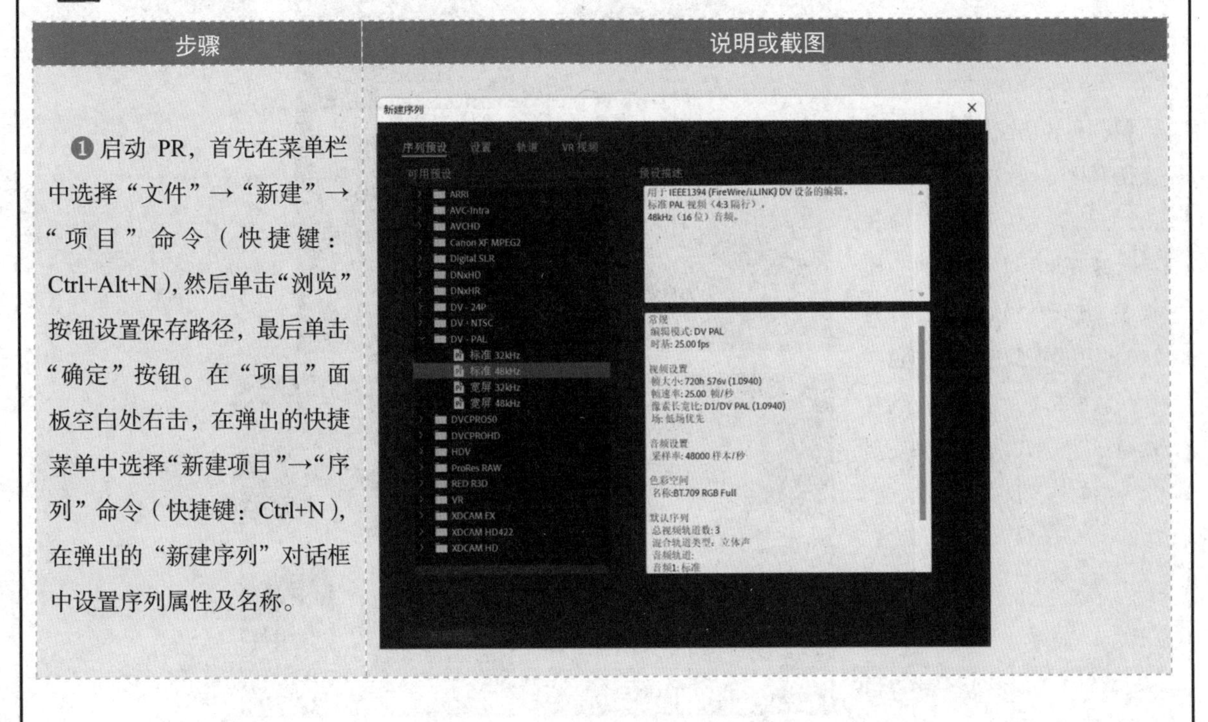

步骤	说明或截图
❶启动 PR，首先在菜单栏中选择“文件”→“新建”→“项目”命令（快捷键：Ctrl+Alt+N），然后单击“浏览”按钮设置保存路径，最后单击“确定”按钮。在“项目”面板空白处右击，在弹出的快捷菜单中选择“新建项目”→“序列”命令（快捷键：Ctrl+N），在弹出的“新建序列”对话框中设置序列属性及名称。	

❷双击“项目”面板空白处，导入素材，并将其拖至 V1 轨道上。按住“Alt”键并拖动 V1 轨道上的 01.jpg，将其复制到 V2 轨道上。

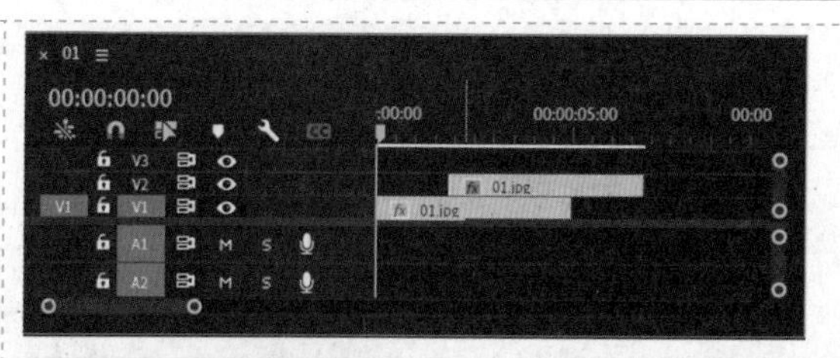

❸在“效果”标签页中，将“高斯模糊”效果拖至 V1 轨道 01.jpg 上。在“效果控件”面板中，设置“高斯模糊”属性的“模糊度”参数值为“50”。

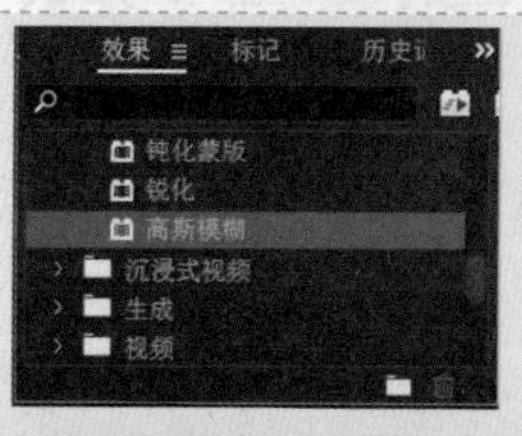

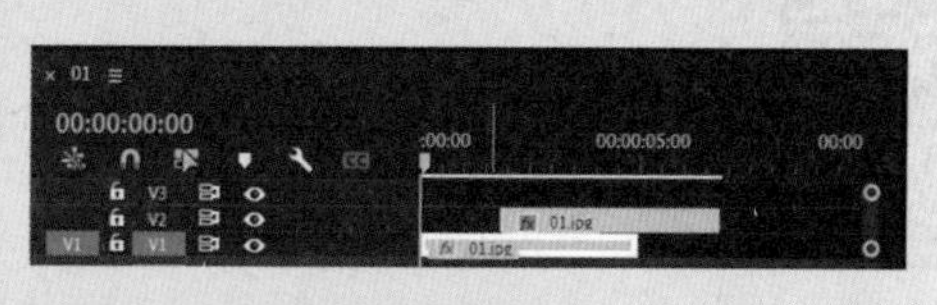

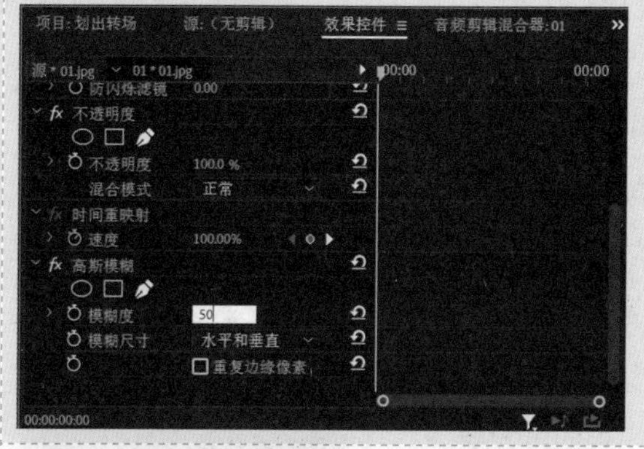

❹在“效果”标签页中，选择“视频过渡”→“擦除”→“划出”效果，将其拖至 V2 轨道的 01.jpg 上。

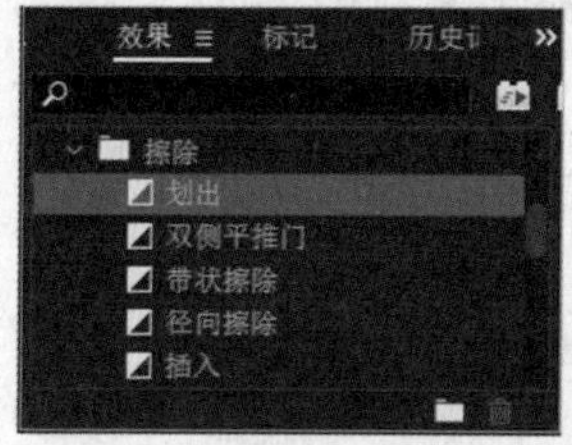

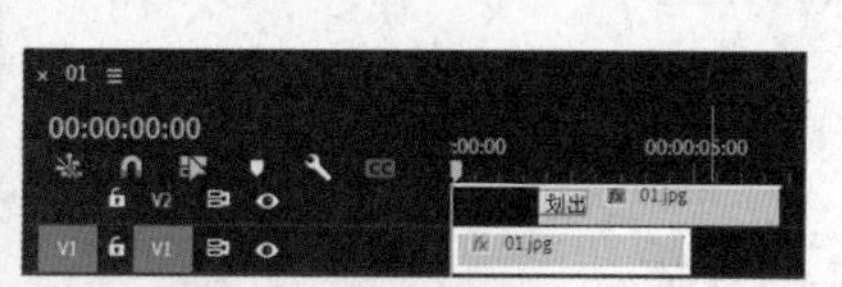

❺划出转场视频在播放时，会使素材 A 从左到右逐渐划出，直到素材 A 消失完全显现出素材 B。在“效果控件”面板中，修改“边框宽度”为“10.0”，“边框颜色”为“白色”。在默认情况下，素材从左到右逐渐划出，若需要从右到左划出，则勾选“反向”复选框。

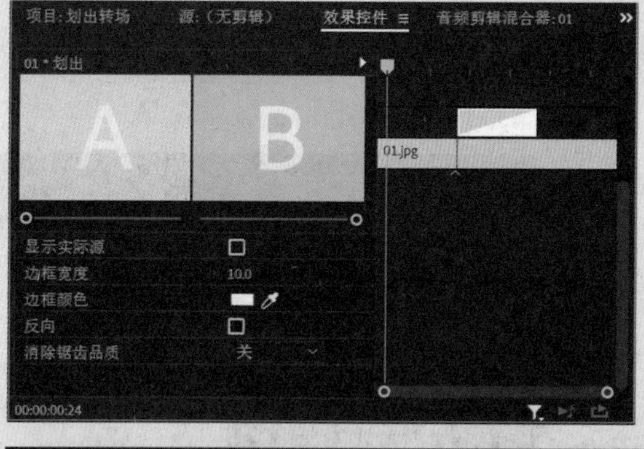

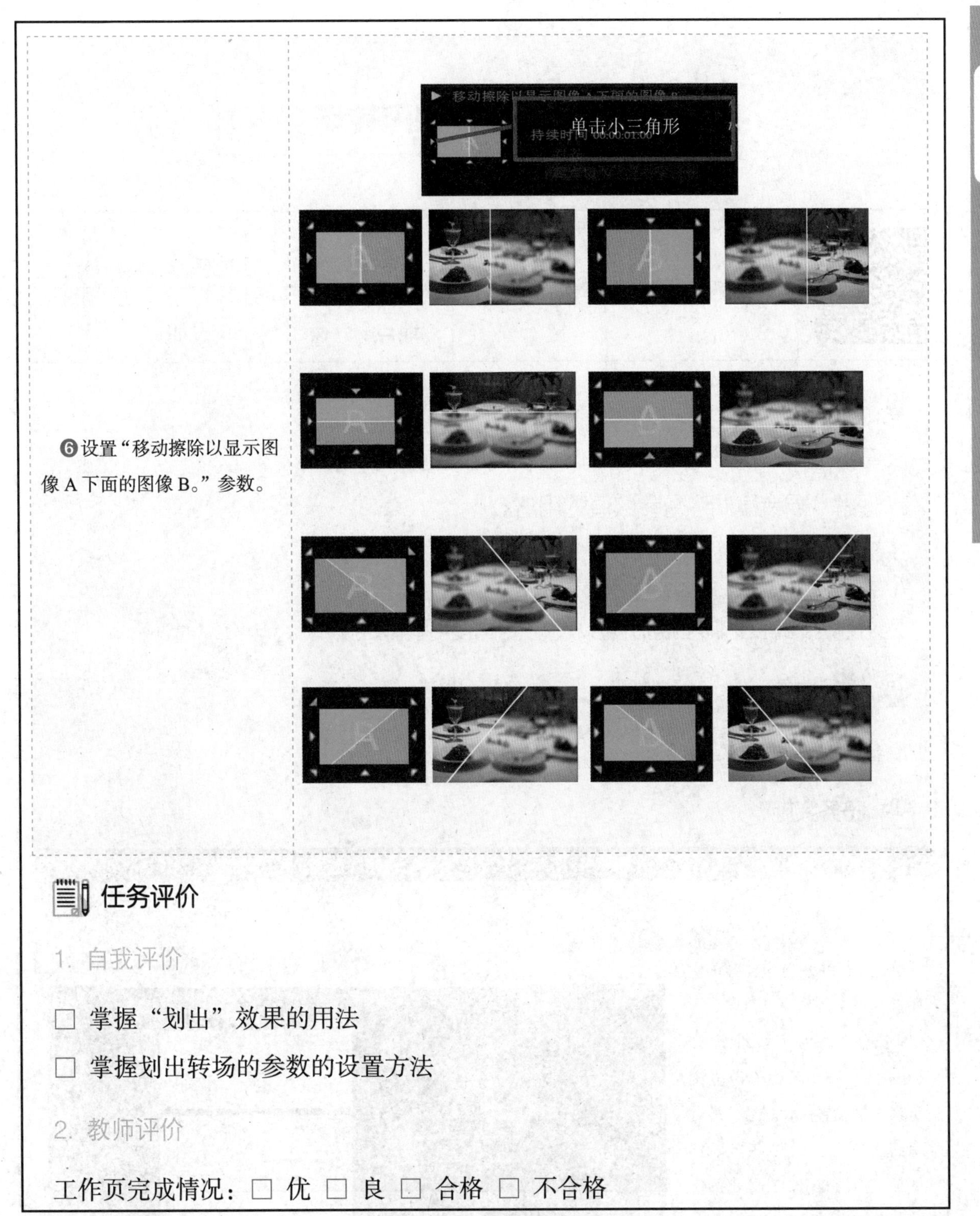

❻设置“移动擦除以显示图像 A 下面的图像 B。”参数。

任务评价

1. 自我评价

□ 掌握“划出”效果的用法

□ 掌握划出转场的参数的设置方法

2. 教师评价

工作页完成情况：□ 优 □ 良 □ 合格 □ 不合格

任务七　制作快闪转场

	学习领域：转场制作	班级：	姓名：
		地点：	日期：

任务目标

1. 掌握运用“闪光灯”效果制作快闪转场的方法；
2. 理解“混合模式”各参数值的用法。

任务导入

欣赏视频，感受闪屏画面所呈现的张弛有度与酷炫的效果。

任务准备

准备计算机并安装 PR。

任务实施

步骤	说明或截图
❶启动 PR，首先在菜单栏中选择“文件”→“新建”→“项目”命令（快捷键：Ctrl+Alt+N），然后单击“浏览”按钮设置保存路径，最后单击“确定”按钮。在“项目”面板空白处右击，在弹出的快捷菜单中选择“新建项目”→“序列”命令（快捷键：Ctrl+N），在弹出的“新建序列”对话框中设置序列属性及名称。	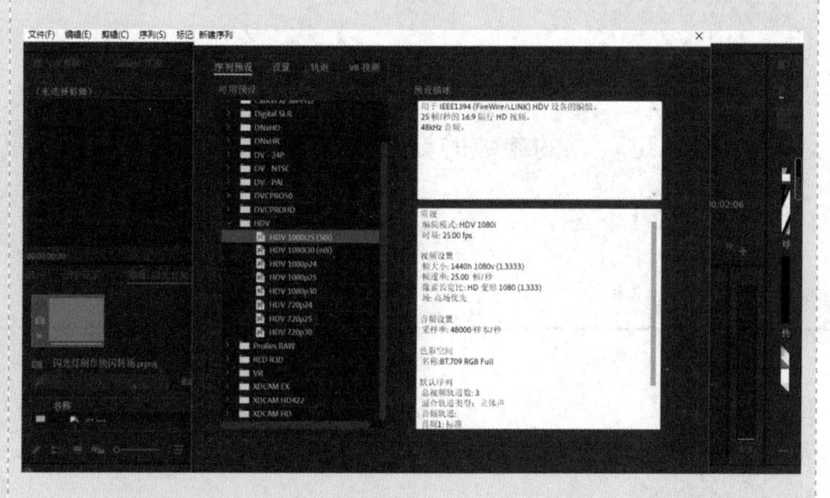

❷双击"项目"面板空白处，导入素材，按照如右图所示的顺序摆放。

❸打开"效果"标签页，在"效果"标签页的搜索框中输入关键字"闪光灯"，按 Enter 键进行搜索，在下方的搜索结果中会出现一个"闪光灯"效果。

❹将时间线移至两个素材重叠的起始处，打开"效果控件"面板，选择"闪光灯"属性，在"与原始图像混合"参数上设置一个关键帧，然后设置其值为"100%"。

❺向后移动一帧，将"与原始图像混合"参数值设置为"6%"，"闪光持续时间"参数值设置为"0.10"，"闪光周期"参数值设置为"0.20"，还可以设置闪光的颜色，将 02.jpg 的"混合模式"设置为"柔光"，预览效果。

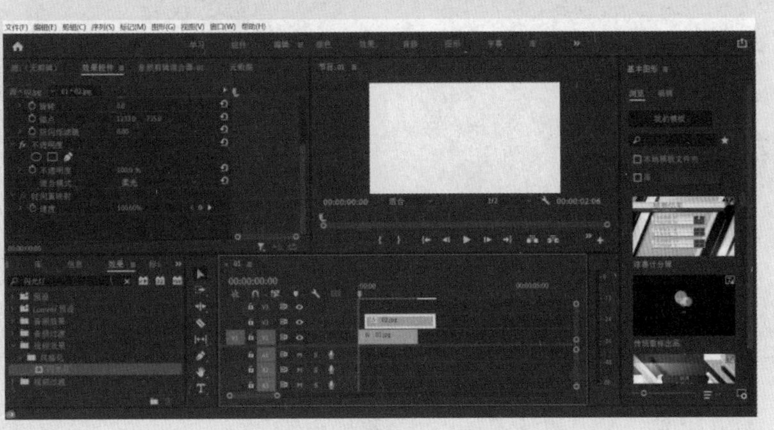

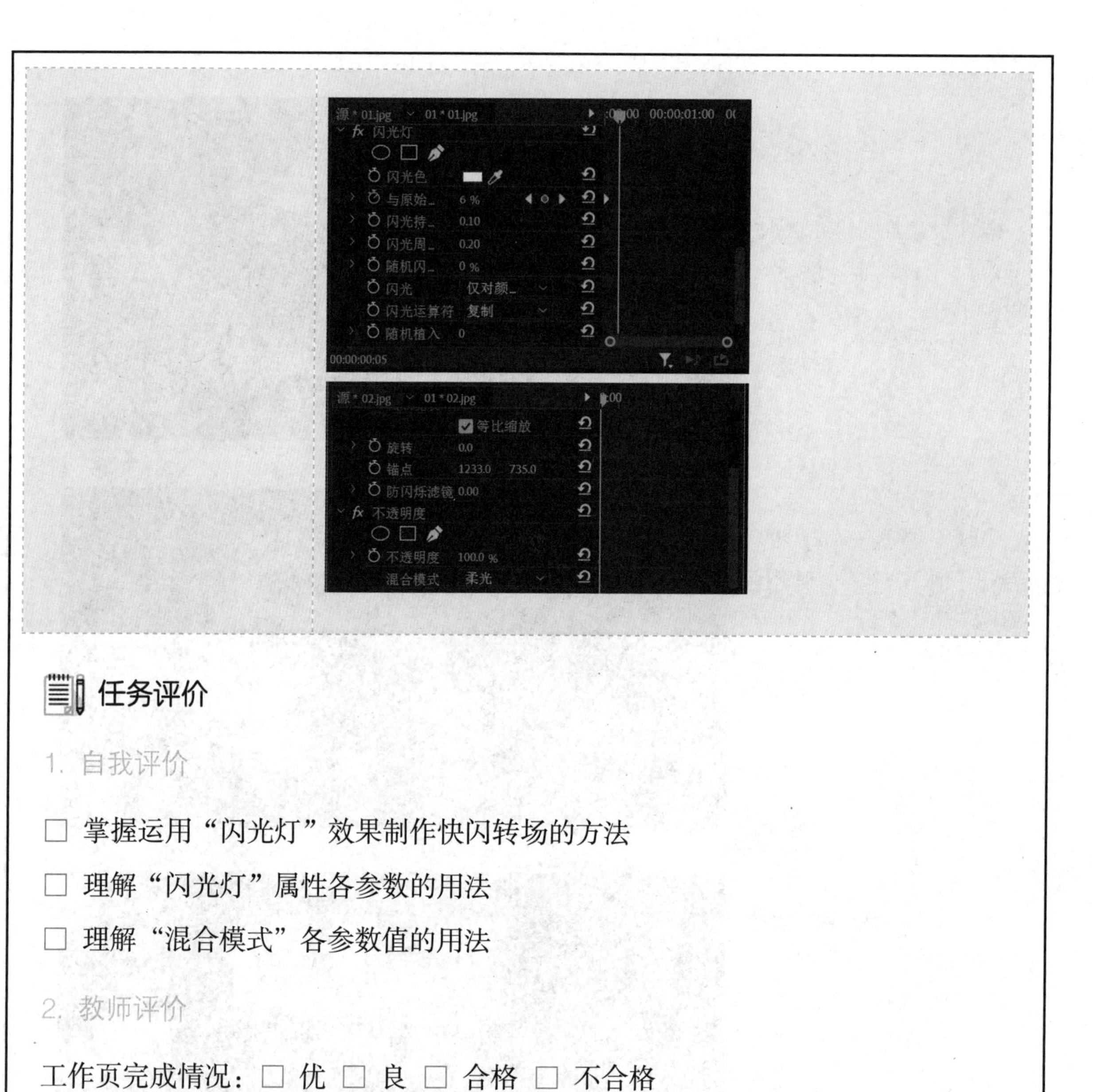

任务评价

1. 自我评价

□ 掌握运用“闪光灯”效果制作快闪转场的方法

□ 理解“闪光灯”属性各参数的用法

□ 理解“混合模式”各参数值的用法

2. 教师评价

工作页完成情况：□ 优 □ 良 □ 合格 □ 不合格

任务八 玻璃划过转场

<table>
<tr><td rowspan="2"></td><td rowspan="2">学习领域：转场制作</td><td>班级：</td><td>姓名：</td></tr>
<tr><td>地点：</td><td>日期：</td></tr>
</table>

任务目标

1. 掌握旧版字幕的用法；
2. 掌握关键帧动画的制作方法；
3. 掌握“轨道遮罩键”的用法；
4. 优化作业环境，提高操作效率。

任务导入

欣赏视频，感受玻璃划过效果所带来的通透感。

任务准备

准备计算机并安装 PR。

任务实施

步骤	说明或截图
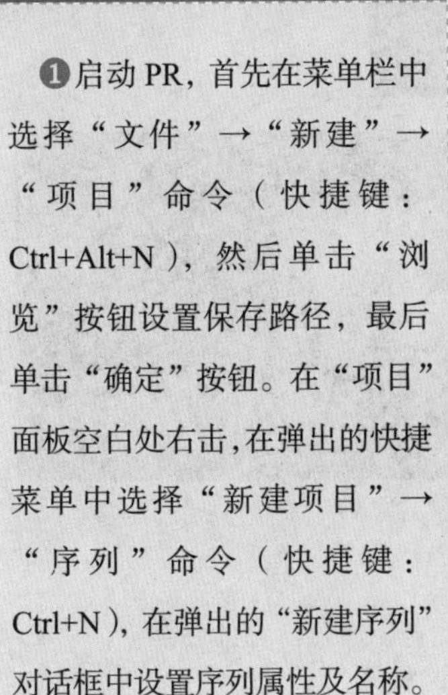 ❶启动 PR，首先在菜单栏中选择“文件”→“新建”→“项目”命令（快捷键：Ctrl+Alt+N），然后单击“浏览”按钮设置保存路径，最后单击“确定”按钮。在“项目”面板空白处右击，在弹出的快捷菜单中选择“新建项目”→“序列”命令（快捷键：Ctrl+N），在弹出的“新建序列”对话框中设置序列属性及名称。	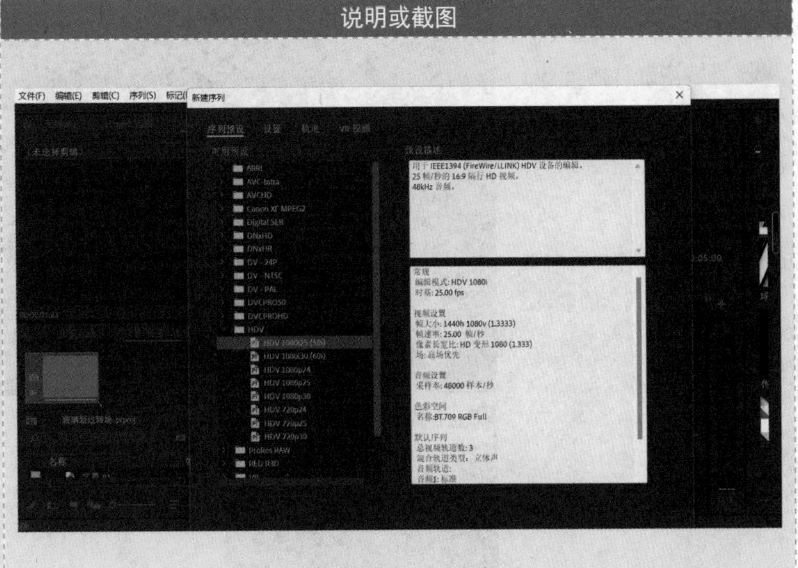

❷按“Ctrl+I”快捷键导入素材 01.jpg 并将其拖至 V1 轨道上，按住“Alt”键并拖动 V1 轨道上的素材 01.jpg，将其复制到 V2 轨道上。

❸选择“文件”→“新建”→“旧版标题字”命令，新建字幕，使用矩形工具绘制矩形并调整其大小及旋转角度。

❹将字幕素材拖至 V3 轨道上。在“效果控件”面板中找到“轨道遮罩键”属性，遮罩选择“视频 3”。将 V2 轨道上的素材稍微放大，就可以看到清晰的效果。

❺单击 V2 轨道上素材的“运动”属性中“缩放”“位置”参数前的关键帧记录器，开启关键帧，0 秒、5 秒、10 秒处的参数值如右图所示。

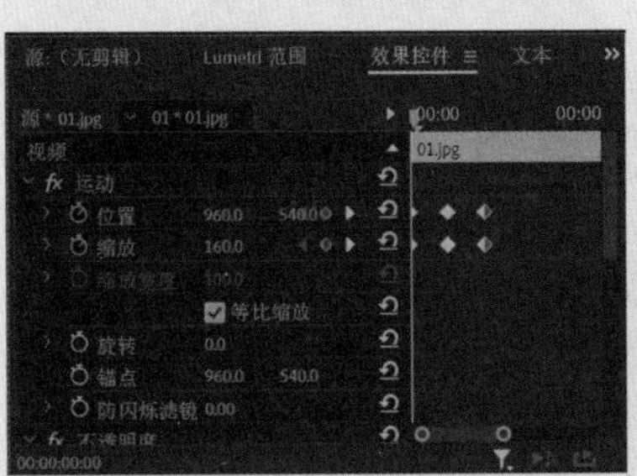

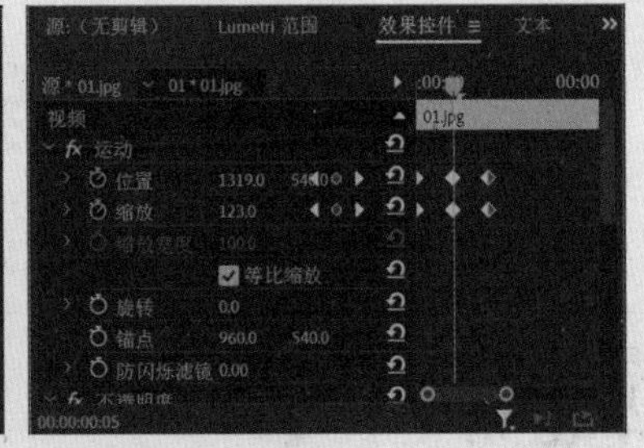

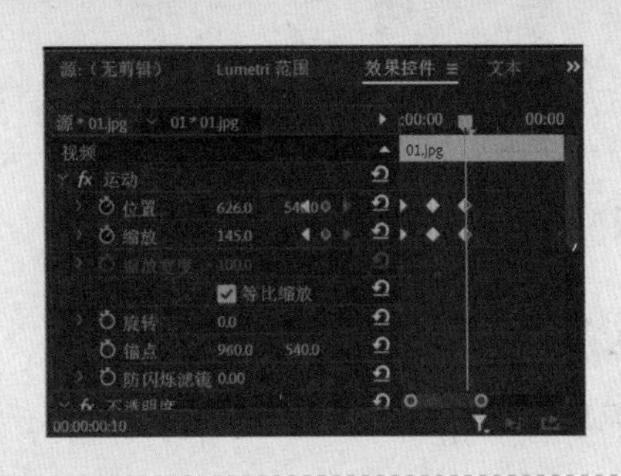

❻单击“播放”按钮，即可看到效果。

任务评价

1. 自我评价

□ 掌握旧版字幕的用法

□ 掌握“轨道遮罩键”的用法

□ 掌握关键帧动画的制作方法

2. 教师评价

工作页完成情况：□ 优 □ 良 □ 合格 □ 不合格

任务九　变速转场

	学习领域：转场制作	班级：	姓名：
		地点：	日期：

任务目标

1. 掌握“投影”效果的用法；
2. 掌握钢笔工具的用法；
3. 掌握使用“时间重映射”命令调节关键帧动画播放速度的方法；
4. 优化作业环境，提高操作效率。

任务导入

欣赏视频，感受变速画面呈现的节奏与酷炫效果。

任务准备

准备计算机并安装 PR。

任务实施

步骤	说明或截图
❶启动 PR，首先在菜单栏中选择“文件”→“新建”→“项目”命令（快捷键：Ctrl+Alt+N），然后单击“浏览”按钮设置保存路径，最后单击“确定”按钮。在“项目”面板空白处右击，在弹出的快捷菜单中选择“新建项目”→“序列”命令（快捷键：Ctrl+N），在弹出的“新建序列”对话框中设置序列属性及名称。	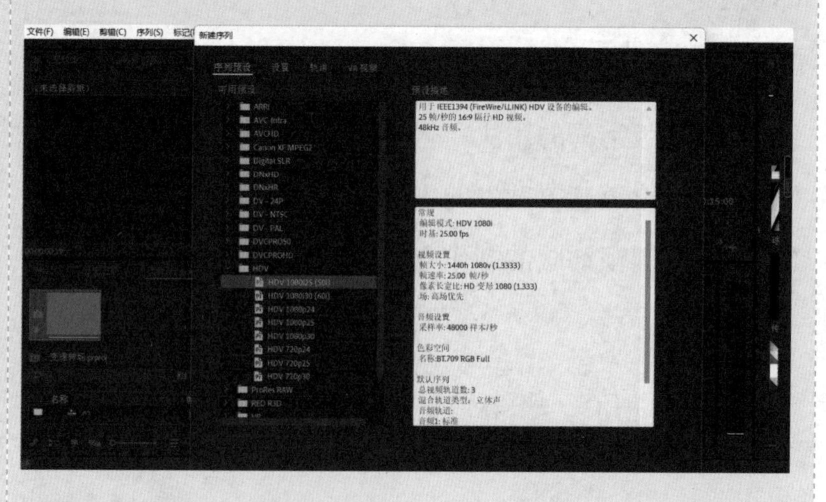

❷按“Ctrl+I”快捷键导入素材01.jpg、02.jpg和03.jpg，并将其拖至V1轨道上，按住“Alt”键并拖动V1轨道上的素材01.jpg、02.jpg和03.jpg，将其复制到V2轨道上。

❸设置V1轨道上素材的效果为“高斯模糊”，设置“模糊度”参数值为“90.0”。使用矩形工具绘制照片边框。设置V2轨道上素材的“运动”属性中的“缩放”参数值为“50.0”。选择“效果”→“投影”选项，为V2轨道上的素材添加“投影”效果。

❹右击V2轨道上的素材01.jpg，在弹出的快捷菜单中选择“显示剪辑关键帧”→“时间重映射”→“速度”命令。

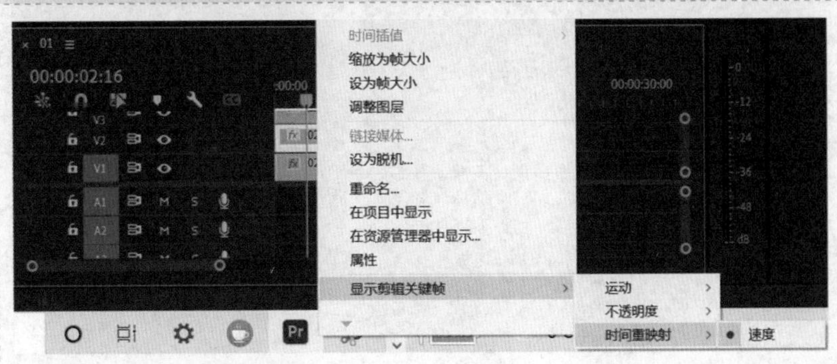

❺放大 V2 轨道上的素材 01.jpg，使用钢笔工具在中线上绘制标志点并拖动选择范围。使用选择工具拖动第 1 张图片尾部的直线并向上拉，即可将这部分视频加速。用同样的方法制作素材 02.jpg、03.jpg 的加速效果。单击“播放”按钮，即可看到加速效果。

任务评价

1. 自我评价

□ 掌握“投影”效果的用法

□ 掌握钢笔工具的用法

□ 掌握使用“时间重映射”命令调节关键帧动画播放速度的方法

2. 教师评价

工作页完成情况：□ 优 □ 良 □ 合格 □ 不合格

任务十　卡点动画转场

	学习领域：转场制作	班级：	姓名：
		地点：	日期：

任务目标

1. 学会根据音乐节奏设置时间标记；
2. 掌握根据标记自动匹配序列的方法；
3. 掌握使用“VR 默比乌斯缩放”效果设置视频转场的方法；
4. 优化作业环境，提高操作效率。

任务导入

欣赏卡点视频，感受随着音乐的节奏自动切换图片所带来的动感与活力。

任务准备

准备计算机并安装 PR。

任务实施

步骤	说明或截图
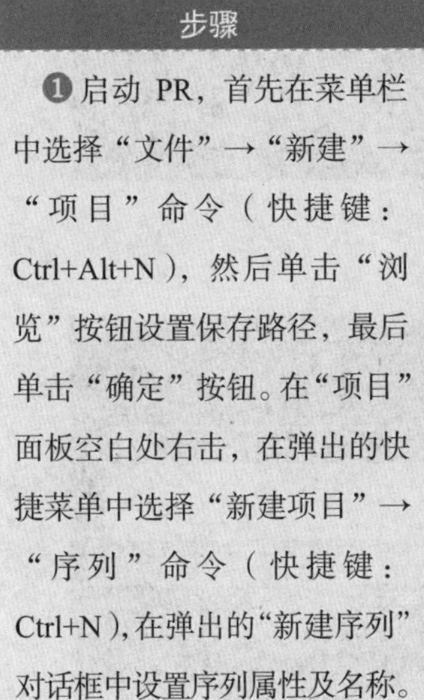❶启动 PR，首先在菜单栏中选择“文件”→“新建”→“项目”命令（快捷键：Ctrl+Alt+N），然后单击“浏览”按钮设置保存路径，最后单击“确定”按钮。在“项目”面板空白处右击，在弹出的快捷菜单中选择“新建项目”→“序列”命令（快捷键：Ctrl+N），在弹出的“新建序列”对话框中设置序列属性及名称。	

❷按“Ctrl+I”快捷键导入图片素材及音乐素材，将音乐素材拖至时间轴上。

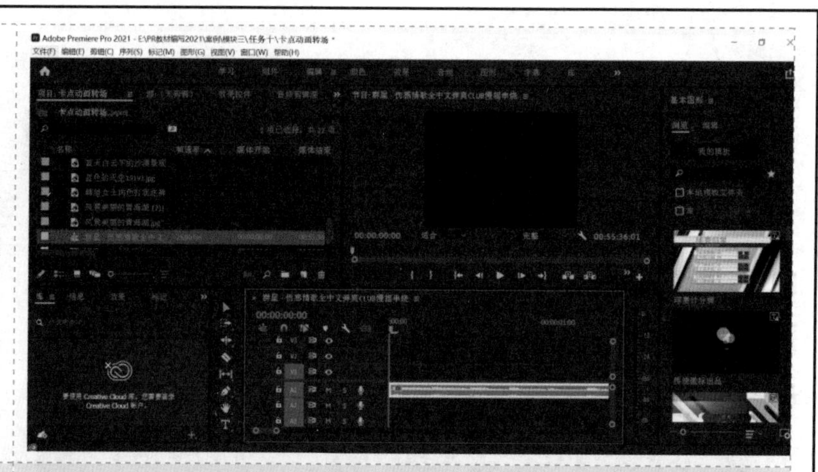

❸聆听音乐，将时间线移至1秒处，使用剃刀工具修剪音乐素材。将修剪后的素材拖至0秒处。播放音乐，仔细聆听，根据节奏单击鼠标左键设置标记，同时可以拖动标记使其与音乐节奏一致。

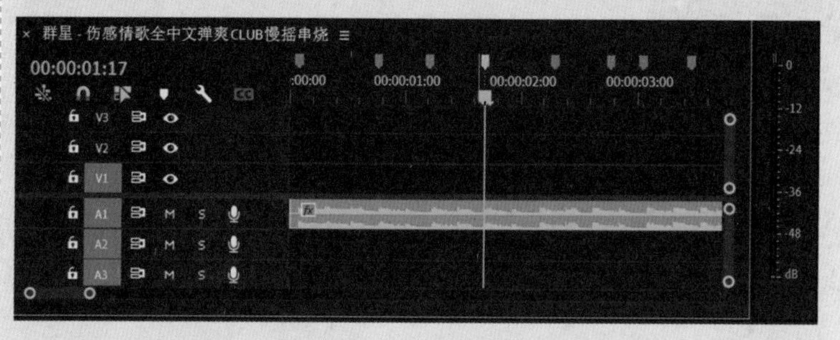

❹全选导入的图片素材，将鼠标指针指向右下角，单击“自动匹配序列”按钮，在弹出的“序列自动化”对话框中设置参数，然后单击“确定”按钮。此时，图片素材被导入V1轨道上，全选素材并右击，在弹出的快捷菜单中选择“缩放为帧大小”命令。选择V1轨道上的第1个图片素材，在“效果控件”面板中设置“缩放”参数值为“120.0”。将参数值应用到后续所有的图片素材上。

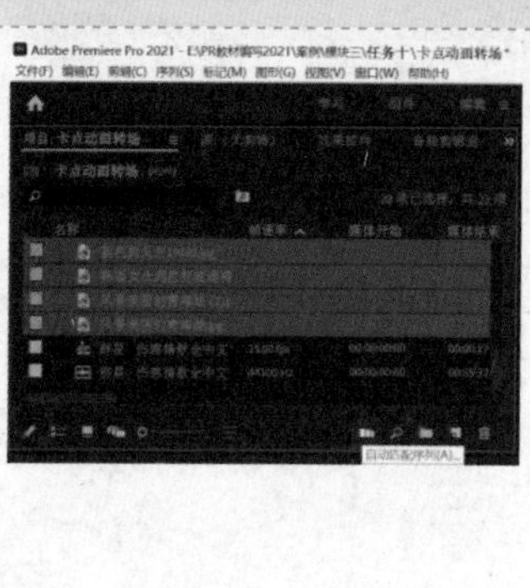

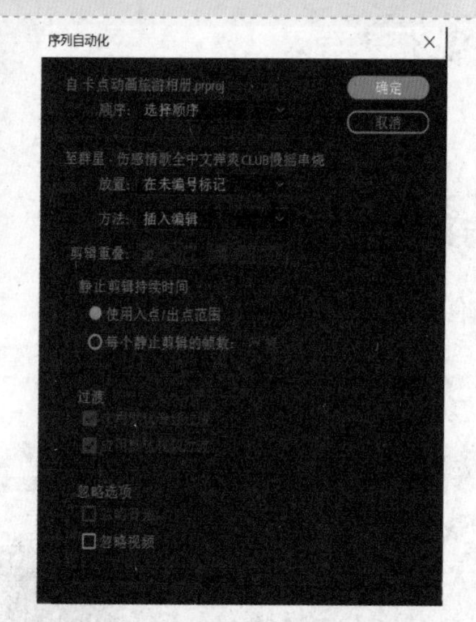

❺全选V1轨道上的图片素材，将其拖至V2轨道上。选择“文件”→“新建”→“颜色遮罩”命令，新建白色“颜色遮罩”，将其拖至V1轨道上，调节其时间线，使之与图片素材的时间线保持一致。

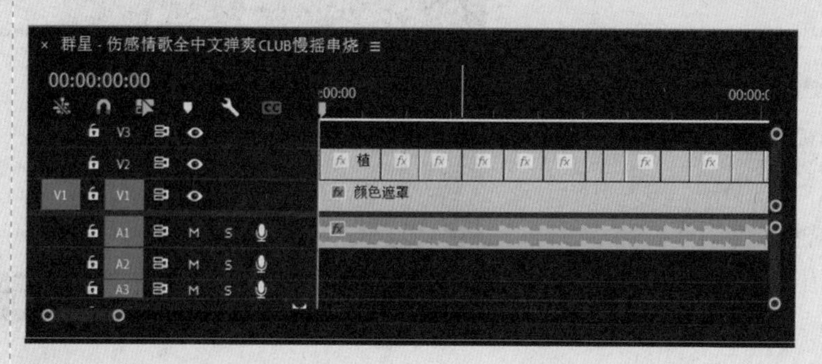

❻ 选择“效果”→“视频过渡”→“沉浸式视频”→“VR 默比乌斯缩放”选项，全选 V2 轨道上的图片素材，按“Ctrl+D”快捷键，将“VR 默比乌斯缩放”效果应用于所有图片素材。拖动时间线，查看卡点动画转场效果。

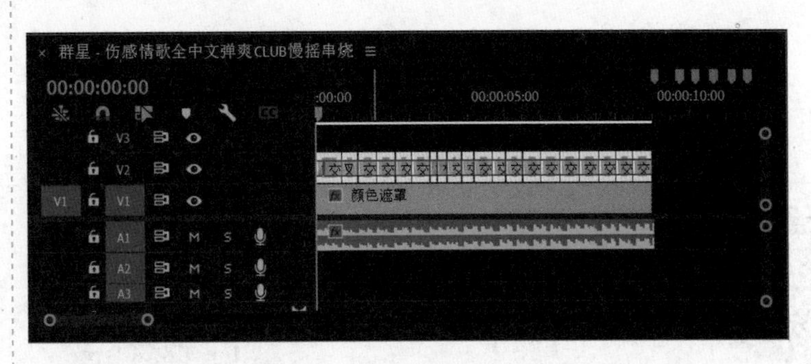

任务评价

1. 自我评价

☐ 掌握在时间线上设置标记的方法

☐ 掌握根据标记自动匹配序列的方法

☐ 掌握使用“VR 默比乌斯缩放”效果设置视频转场的方法

2. 教师评价

工作页完成情况：☐ 优 ☐ 良 ☐ 合格 ☐ 不合格

任务十一　模糊变速转场

	学习领域：转场制作	班级：	姓名：
		地点：	日期：

任务目标

1. 掌握新建调整图层的方法；
2. 掌握“方向模糊”效果的用法；
3. 掌握使用调整图层设置视频转场的方法；
4. 掌握使用“时间重映射”命令调节视频播放速度的方法。

任务导入

观看视频，感受模糊变速转场效果。

任务准备

准备计算机并安装PR。

任务实施

步骤	说明或截图
❶启动PR，首先在菜单栏中选择“文件”→“新建”→“项目”命令（快捷键：Ctrl+Alt+N），然后单击“浏览”按钮设置保存路径，最后单击“确定”按钮。在“项目”面板上双击，导入素材文件并将其拖至时间轴上。	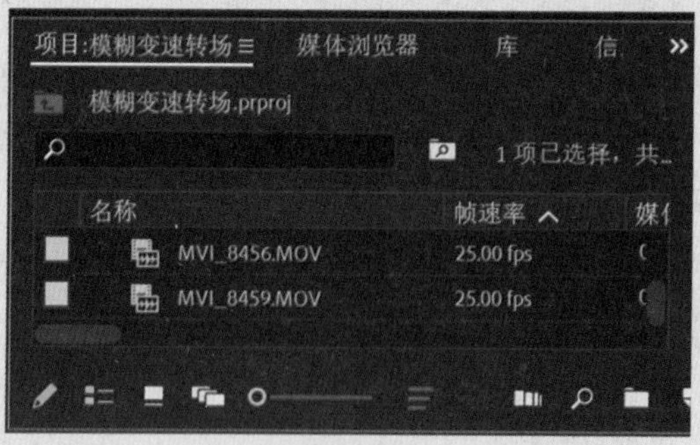

❷新建调整图层。单击“项目”面板右下角的“新建项”按钮，在弹出的下拉列表中选择“调整图层”选项。将新建的调整图层放在 V2 轨道上，如右图所示。

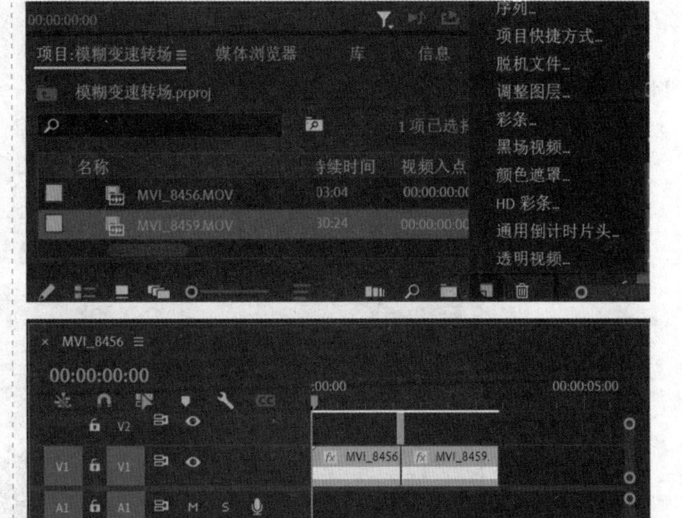

❸选中 V2 轨道上的调整图层，打开“效果控件”面板，选择“方向模糊”→“模糊长度”参数，设置其值为“100.0”，在调整图层中间位置，为“模糊长度”参数设置关键帧，将第 1 个关键帧和最后一个关键帧的“模糊长度”参数值均设置为“0.0”。

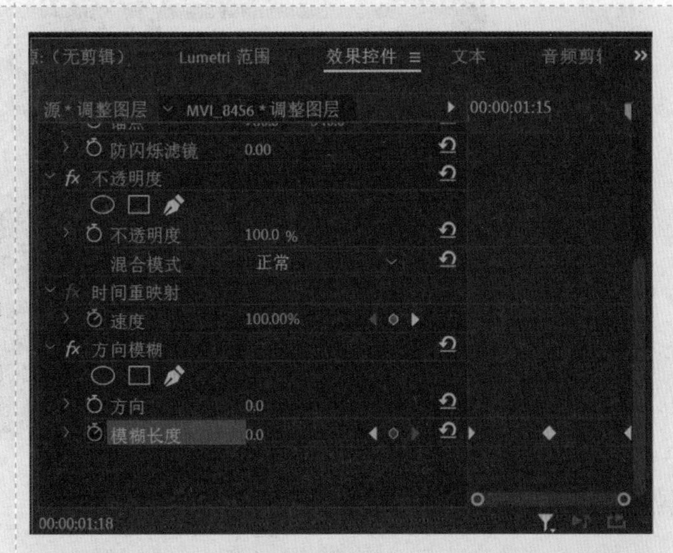

❹右击 V1 轨道上的第 1 个视频素材，在弹出的快捷菜单中选择“时间重映射”→“速度”命令，按住“Ctrl”键并单击鼠标添加锚点，调整视频的播放速度。

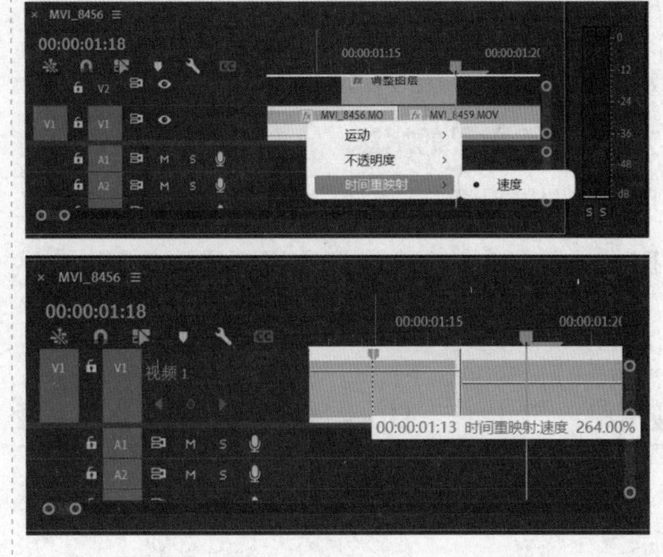

❺ 使用同样的方法，调整V1 轨道上第 2 段视频的播放速度。

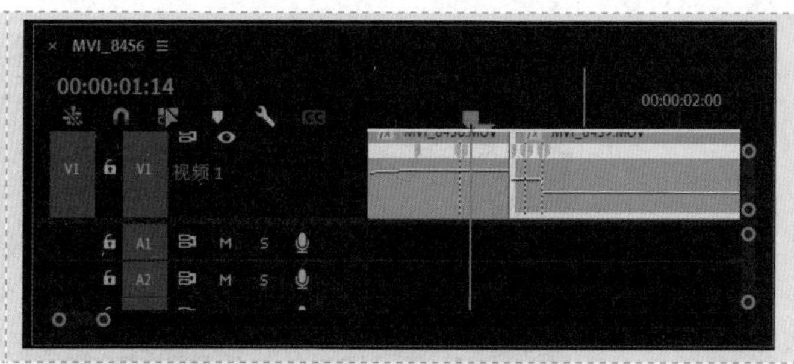

❻ 将调整图层放置于两段视频之间，如右图所示。

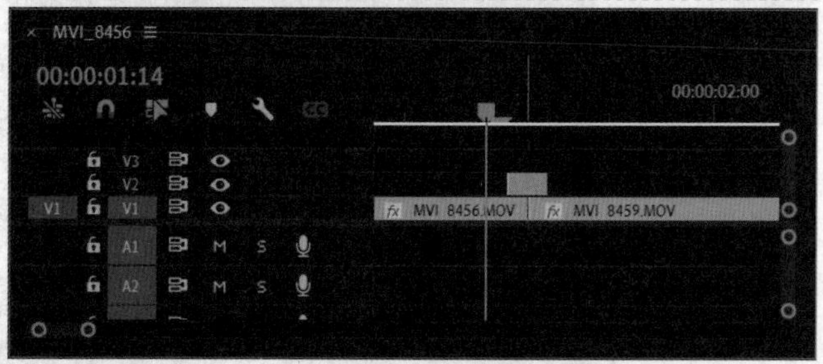

❼播放视频，观看效果。

任务评价

1. 自我评价

□ 掌握新建调整图层的方法

□ 掌握“方向模糊”效果的用法

□ 掌握使用调整图层设置视频转场的方法

□ 掌握使用“时间重映射”命令调节视频播放速度的方法

2. 教师评价

工作页完成情况：□ 优 □ 良 □ 合格 □ 不合格

任务十二　眨眼转场

	学习领域：转场制作	班级：	姓名：
		地点：	日期：

任务目标

1. 掌握创建黑场视频的方法；
2. 了解蒙版的作用，掌握绘制蒙版的方法；
3. 掌握使用蒙版制作眨眼转场效果的方法。

任务导入

观看视频，感受眨眼转场效果。

任务准备

准备计算机并安装 PR。

任务实施

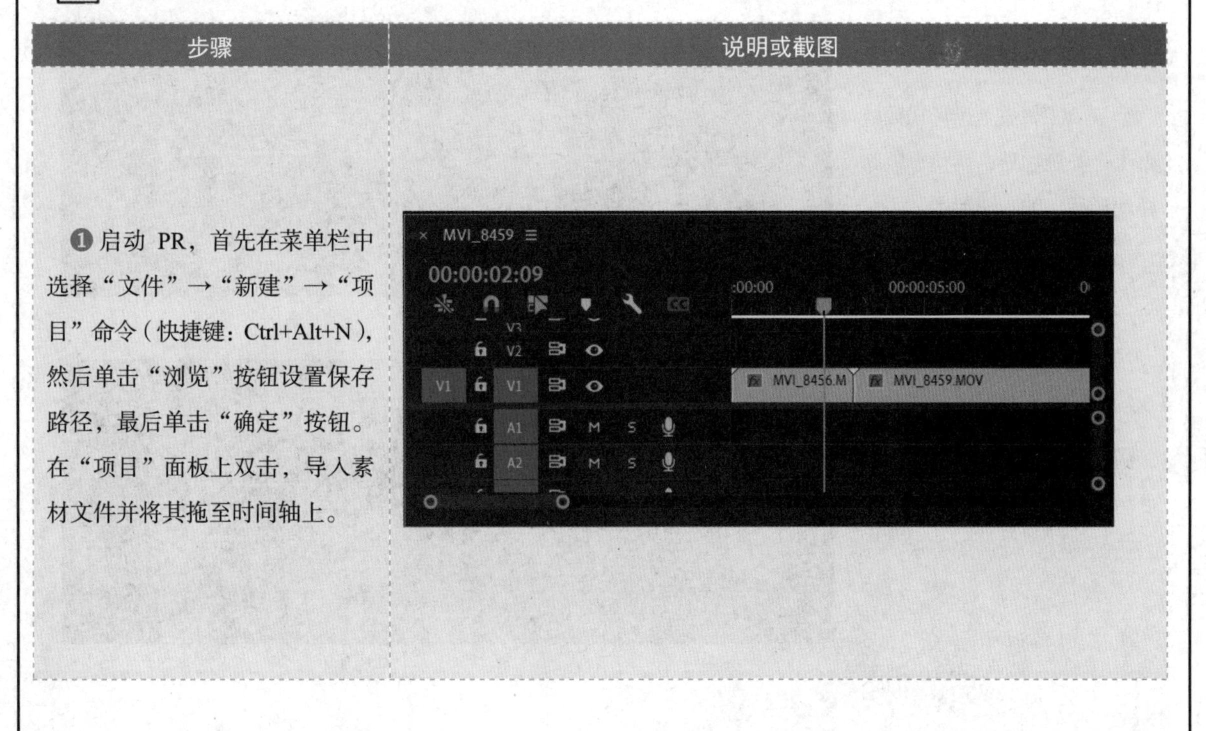

步骤	说明或截图
❶启动 PR，首先在菜单栏中选择“文件”→“新建”→“项目”命令（快捷键：Ctrl+Alt+N），然后单击“浏览”按钮设置保存路径，最后单击“确定”按钮。在“项目”面板上双击，导入素材文件并将其拖至时间轴上。	

❷新建黑场视频，将黑场视频拖至时间轴上并调整好位置，如右图所示。

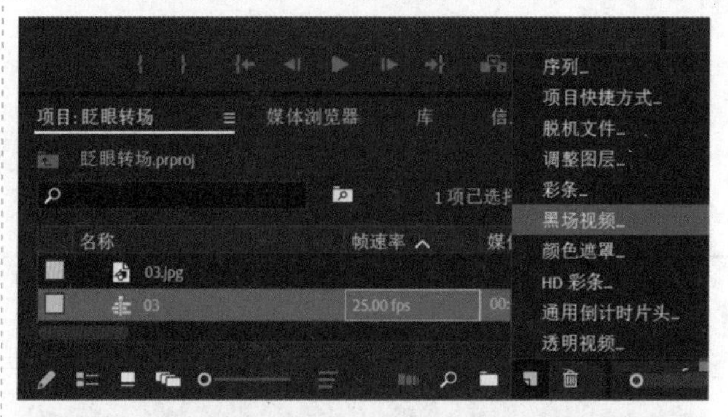

❸选中 V2 轨道上的黑场视频，在“效果控件”面板上，单击“不透明度”属性下的“创建椭圆形蒙版”按钮，绘制眼睛形状，并勾选“已反转”复选框。将时间线移至黑场视频的中间位置，单击“蒙版路径”参数前的关键帧记录器，开启关键帧。

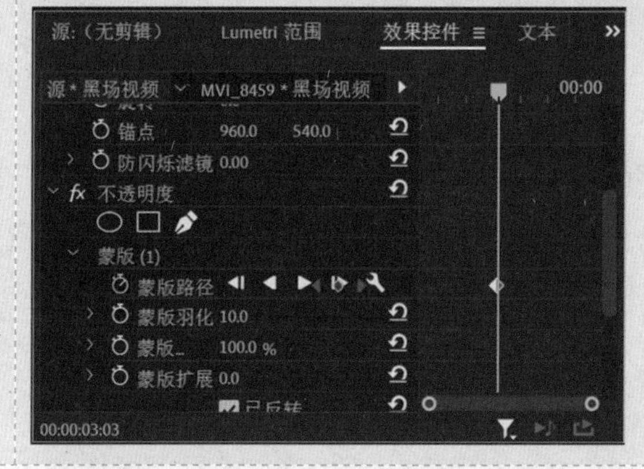

❹在 V2 轨道上黑场视频的第 1 个关键帧处，调整蒙版路径的形状，如右图所示。

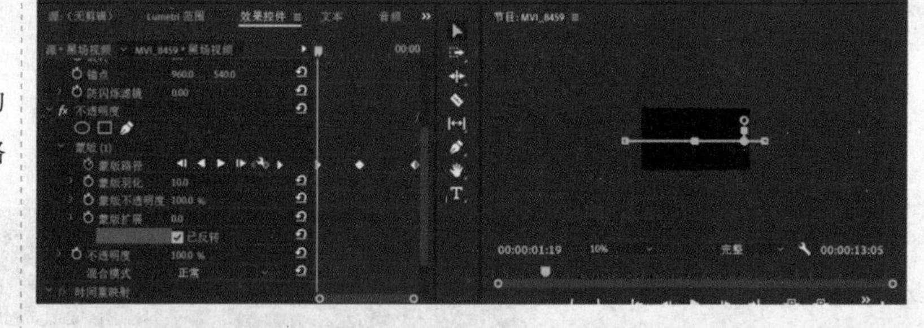

❺在 V2 轨道上黑场视频的最后一个关键帧处，调整蒙版路径的形状，如右图所示。

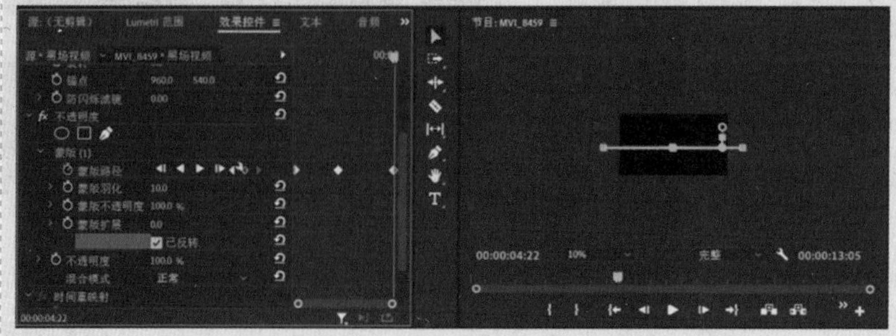

❻ 将黑场视频放置于两个素材之间，如右图所示。	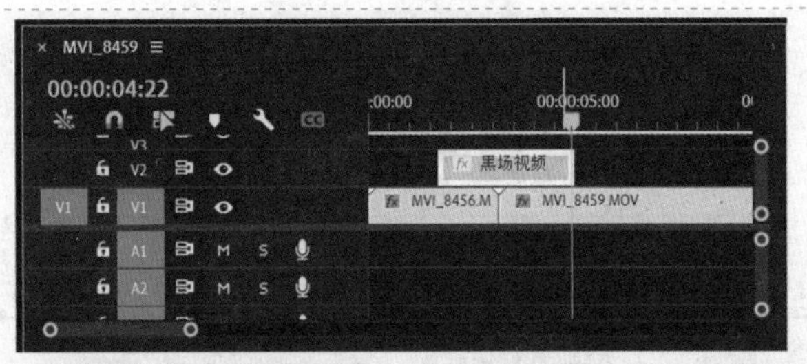
❼ 播放视频，观看效果。	

任务评价

1. 自我评价

□ 掌握创建黑场视频的方法

□ 了解蒙版的作用，掌握绘制蒙版的方法

□ 掌握使用蒙版制作眨眼转场效果的方法

2. 教师评价

工作页完成情况：□ 优 □ 良 □ 合格 □ 不合格

任务十三　错位转场

	学习领域：转场制作	班级：	姓名：
		地点：	日期：

任务目标

1. 熟悉 PR 中“变换”效果的组成；
2. 了解 PR 中“扭曲”效果的组成；
3. 灵活运用 PR 中的“裁剪”及“变换”效果；
4. 运用艺术创作手法来提高作品的观赏度。

任务导入

错位是创作影视作品时常用的手法，影视作品必须符合大众的审美才能实现其自身的价值。

任务准备

准备一个视频素材以及一台能运行 PR 的计算机。

任务实施

步骤	说明或截图
❶在 PR 中导入一个视频素材，将其拖至时间轴上，新建一个序列；按“Ctrl+L”快捷键，将视频素材音频、视频轨道分离。	

❷打开“效果”标签页，将“裁剪”和“变换”两个效果先后添加至视频素材上。

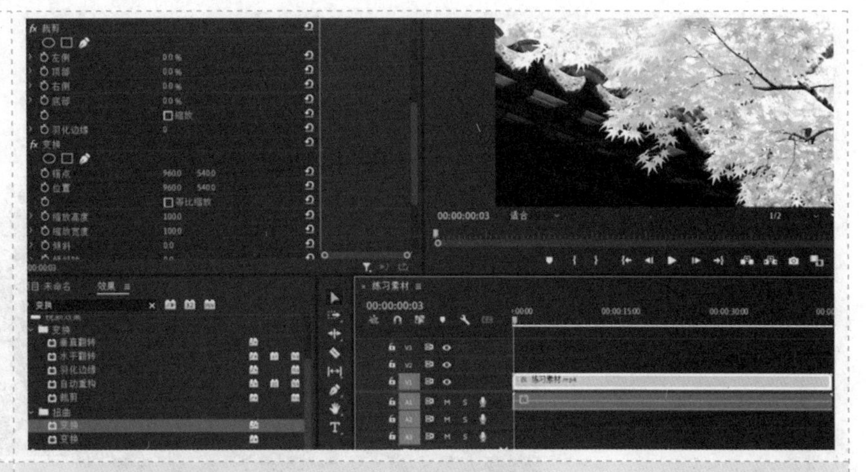

❸按住“Alt”键并向上拖曳视频素材，将其复制 3 次并分别存放于 V2～V4 轨道上；选中 V4 轨道并隐藏 V1～V3 轨道。

在“效果控件”面板中选择“裁剪”→“右侧”参数，设置其值为“75.0%”；选择“变换”→“位置”参数，间隔 10 帧左右，设置两个关键帧并设置“缓入、缓出”效果；选择“变换”→“快门角度”参数，设置其值为“360.00”，取消勾选“使用合成的快门角度”复选框。

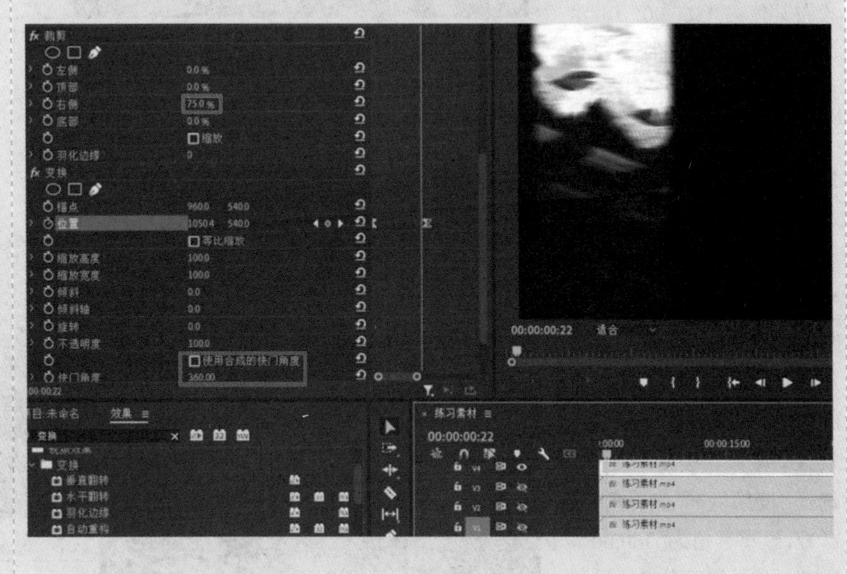

❹显示 V3 轨道并选中该轨道，在“效果控件”面板中选择“裁剪”→“左侧”参数，设置其值为“25.0%”；选择“裁剪”→“右侧”参数，设置其值为“50.0%”；选择“变换”→“位置”参数，以 V4 轨道的尾部关键帧为起点，间隔 10 帧左右，设置两个关键帧并设置“缓入、缓出”效果；选择“变换”→“快门角度”参数，设置其值为“360.00”，取消勾选“使用合成的快门角度”复选框。

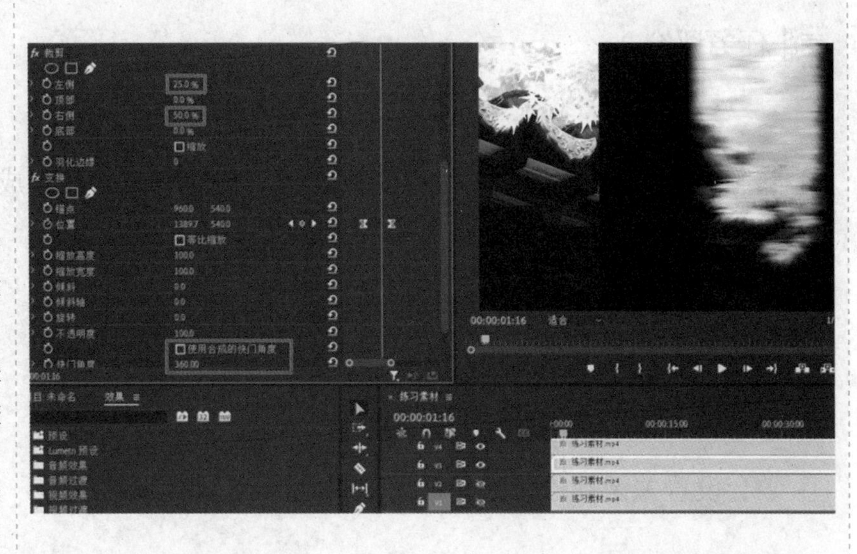

❺显示V2轨道并选中该轨道，在“效果控件”面板中选择“裁剪”→“左侧”参数，设置其值为“50.0%”；选择“裁剪”→“右侧”参数，设置其值为“25.0%”；选择“变换”→“位置”参数，以V3轨道的尾部关键帧为起点，间隔10帧左右，设置两个关键帧并设置“缓入、缓出”效果；选择“变换”→“快门角度”参数，设置其值为“360.00”，取消勾选“使用合成的快门角度”复选框。

❻显示V1轨道并选中该轨道，在“效果控件”面板中选择“裁剪”→“左侧”参数，设置其值为“75.0%”；选择“变换”→“位置”参数，以V2轨道的尾部关键帧为起点，间隔10帧左右，设置两个关键帧并设置“缓入、缓出”效果；选择“变换”→“快门角度”参数，设置其值为“360.00”，取消勾选“使用合成的快门角度”复选框。

任务评价

1. 自我评价

☐ 熟悉PR“效果”标签页中“变换”和“扭曲”效果的组成

☐ 学会分离音频、视频素材

☐ 掌握“裁剪”效果的用法

☐ 掌握“变换”效果的用法

☐ 了解镜头运动模糊效果的实现方法

☐ 学会设置关键帧的缓入、缓出效果

2. 教师评价

工作页完成情况：☐ 优 ☐ 良 ☐ 合格 ☐ 不合格

任务十四 切片转场

学习领域：转场制作	班级：	姓名：
	地点：	日期：

任务目标

1. 熟悉 PR“扭曲”效果的组成；
2. 熟悉 PR“模糊与锐化”效果的组成；
3. 灵活运用 PR 中“波形变形”及“方向模糊”效果；
4. 运用艺术创作手法来提高作品的观赏度。

任务导入

观摩 B 站、MAD 上经典的转场动画，感受艺术创作之美。

任务准备

分析经典的转场动画效果的制作手法，在 PR 中加以实现。

任务实施

步骤	说明或截图
❶在 PR 中导入一个视频素材，将其拖至时间轴上，新建一个序列。 依次按“Q”“W”键去除素材的头部和尾部，留下中部。	

❷打开“效果”标签页，将“波形变形”效果添加至视频素材上；在“效果控件”面板的“波形变形”属性下，选择“波形类型”为“正方形”，并调整“波形高度”“波形宽度”参数值来观察结果。

❸设置“波形变形”属性下的“波形速度”参数值为“0.0”；选择“波形高度”参数，间隔10帧左右，设置两个关键帧并设置“缓入、缓出”效果，再调整其数值。

❹打开“效果”标签页，将“方向模糊”效果添加至视频素材上。

❺在“效果控件”面板中，设置“方向模糊”属性下的“方向”参数值为“0.0”；“模糊长度”参数值为“53.9”。“模糊长度”参数的两个关键帧与“波形高度”参数的两个关键帧相对应，也是间隔10帧左右。

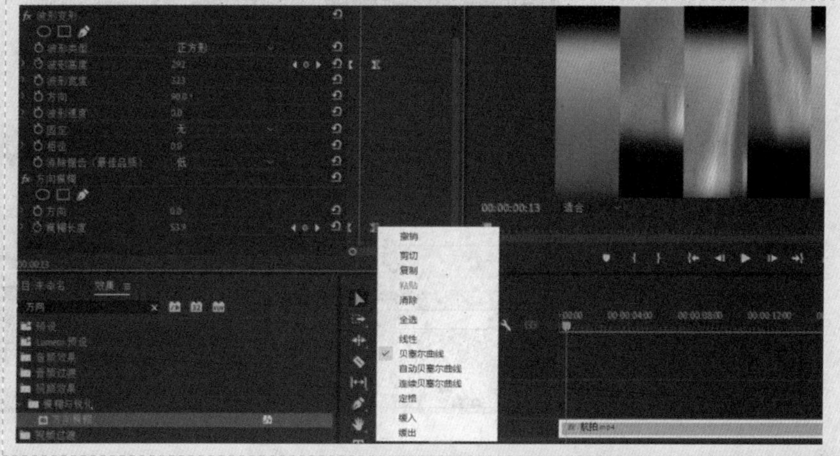

❻在“效果控件”面板中按住“Ctrl”键并依次单击“波形变形”“方向模糊”两个属性，将其选中并右击，在弹出的快捷菜单中选择“保存预设”命令，打开“保存预设”对话框，输入预设名称，单击“确定”按钮，将其保存至“效果”标签页的“预设”效果中。

切片转场动画效果制作完成。

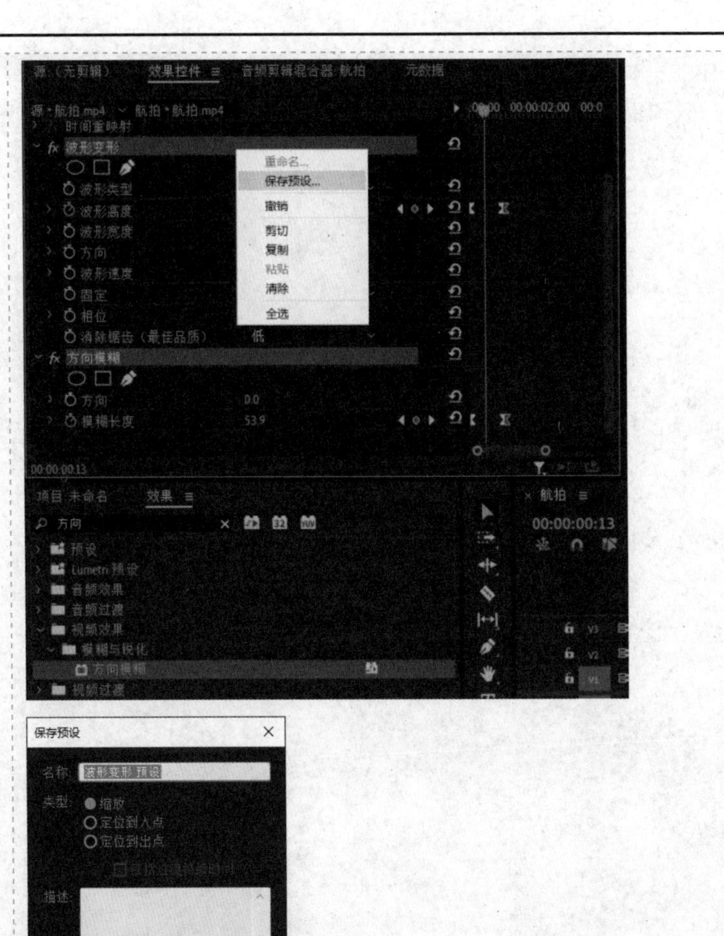

任务评价

1. 自我评价

☐ 熟悉 PR“效果”标签页中“扭曲”“模糊与锐化”效果的组成

☐ 掌握“Q”“W”键的用法

☐ 掌握“波形变形”效果的用法

☐ 掌握“方向模糊”效果的用法

☐ 学会应用“保存预设”命令

2. 教师评价

工作页完成情况：☐ 优 ☐ 良 ☐ 合格 ☐ 不合格

模块四

分屏制作

任务一　倾斜三分屏

	学习领域：分屏制作	班级：	姓名：
		地点：	日期：

任务目标

1. 掌握 PR 中“线性擦除”效果的用法；
2. 学会运用“效果控件”面板调整参数；
3. 提升数字媒体的制作与创新能力。

任务导入

展示分屏动画作品，感受分屏动画的视觉美。

任务准备

1. 安装 PR 及运行环境；
2. 准备 3 个视频素材。

任务实施

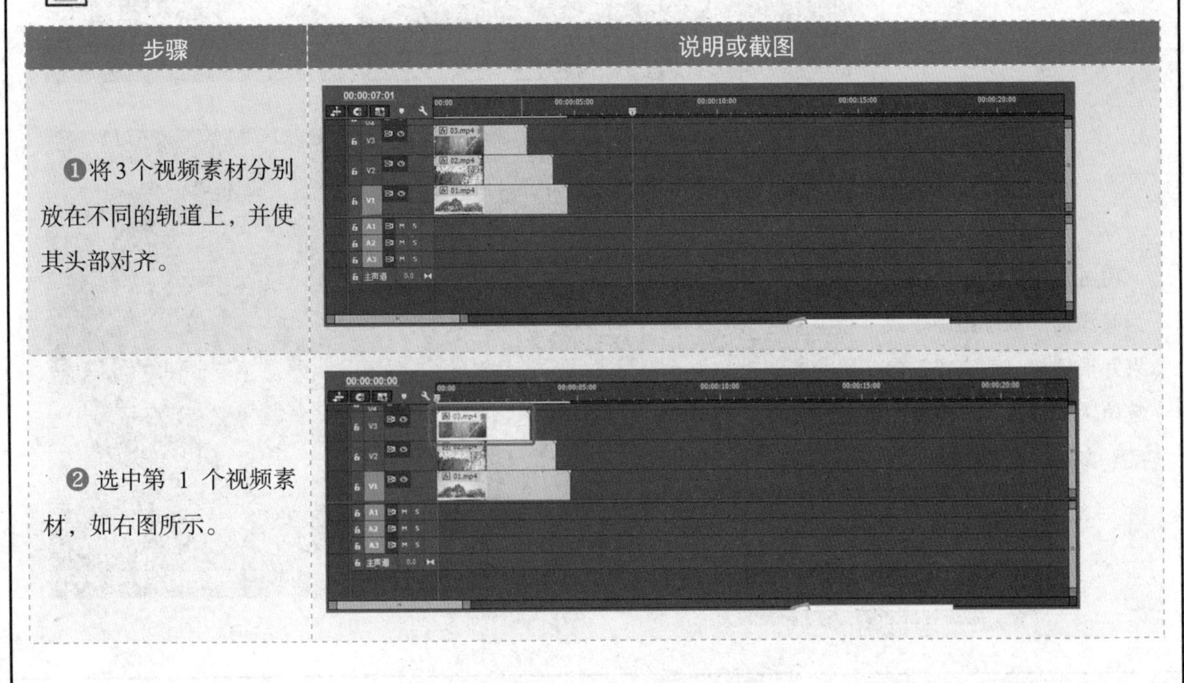

步骤	说明或截图
❶将3个视频素材分别放在不同的轨道上，并使其头部对齐。	
❷ 选中第 1 个视频素材，如右图所示。	

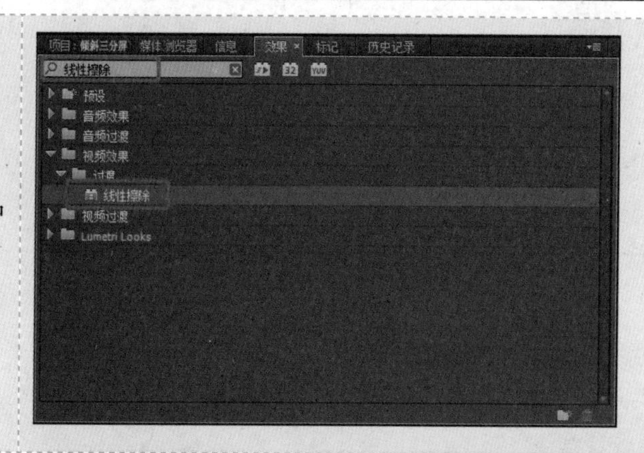

❸在“效果”标签页中搜索“线性擦除”效果。

❹按住鼠标左键不放，将“线性擦除”效果拖至选中的视频素材上方。

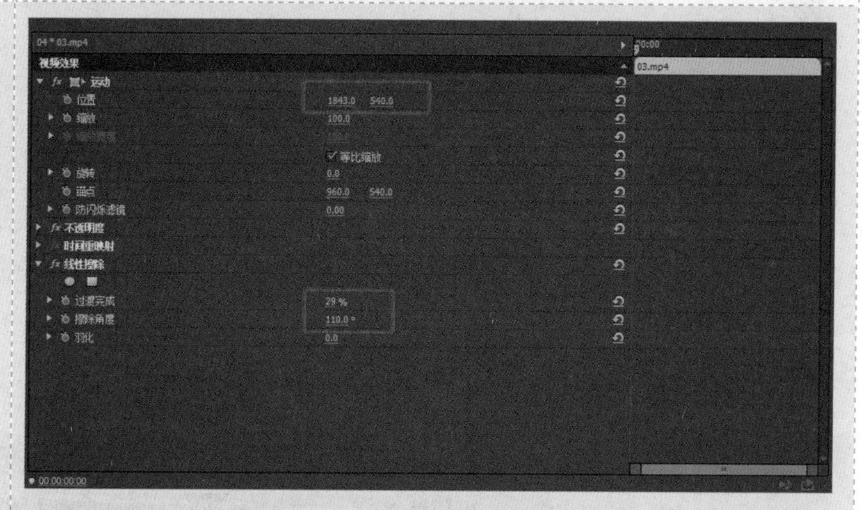

❺设置“线性擦除”属性下的“过渡完成”参数值为“29%”、“擦除角度”参数值为“110.0°”；调节“运动”属性下“位置”参数的 X 轴坐标，将视频素材拖至画面靠右的位置。

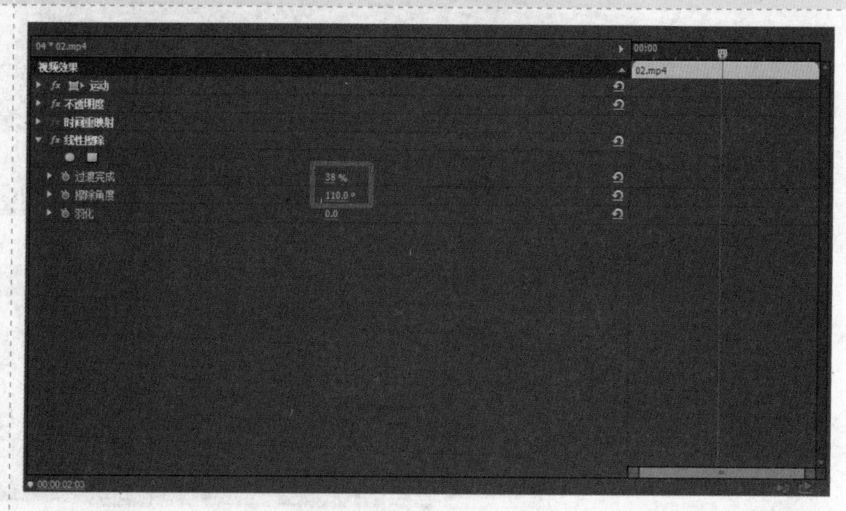

❻处理第2个视频素材，为其添加“线性擦除”效果并设置“过渡完成”参数值为“38%”、“擦除角度”参数值为“110.0°”。

❼完成效果。

任务评价

1. 自我评价

□ 导入视频素材，将其缩放为帧大小

□ 掌握“线性擦除”效果的用法

□ 学会在“效果控件”面板中设置“位置”参数

□ 导出序列，形成 MP4 影片

2. 教师评价

工作页完成情况：□ 优 □ 良 □ 合格 □ 不合格

任务二　多尺寸三分屏

	学习领域：分屏制作	班级：	姓名：
		地点：	日期：

任务目标

1. 掌握 PR 中“线性擦除”效果的用法；
2. 学会运用“效果控件”面板调整参数；
3. 提升数字媒体的制作与创新能力。

任务导入

展示分屏动画作品，感受分屏动画的视觉美。

任务准备

1. 安装 PR 及运行环境；
2. 准备 3 个视频素材。

任务实施

步骤	说明或截图
❶将3个视频素材分别放在不同的轨道上，并使其头部对齐。	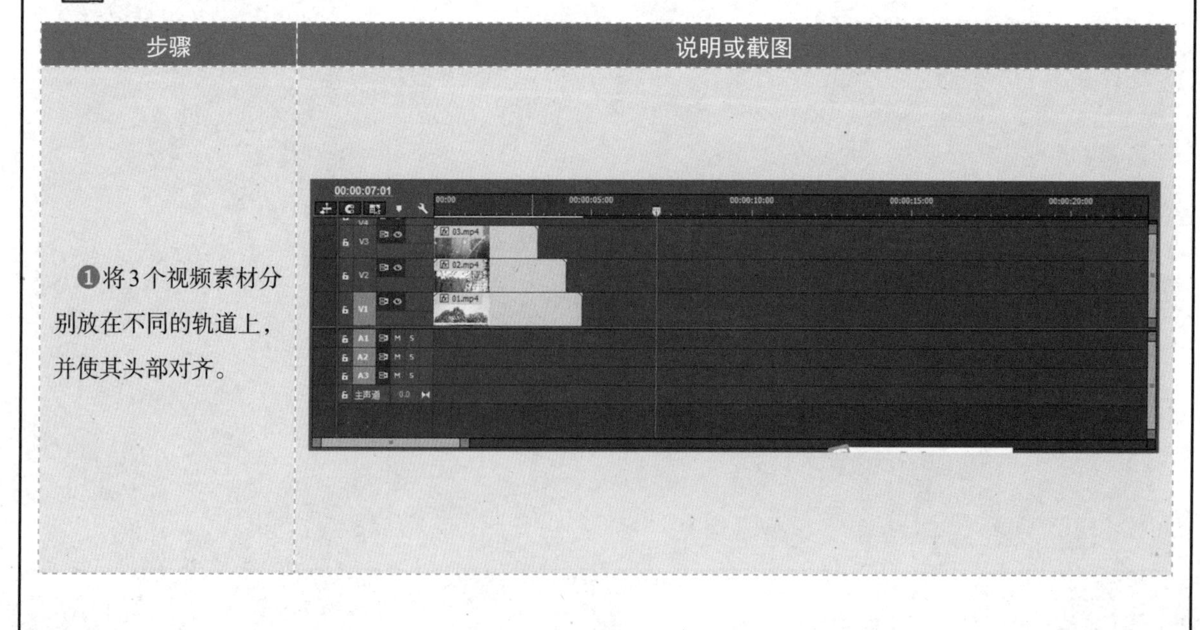

❷处理第1个视频素材，为其添加“线性擦除”效果并设置“过渡完成”参数值为“50%”、“擦除角度”参数值为“90.0° ”。

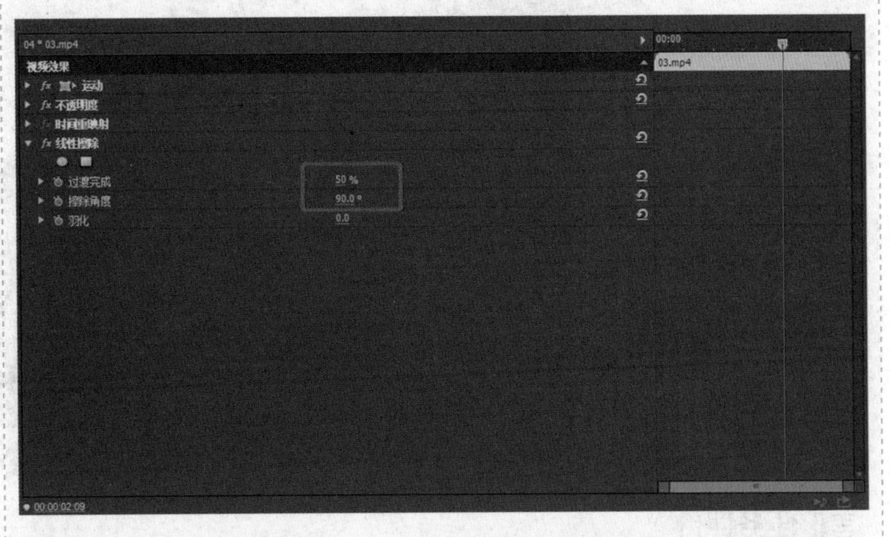

❸处理第2个视频素材，打开“效果控件”面板，选择“运动”→“缩放”参数，设置其值为“50.0”，调节“位置”参数，将视频素材放置在画面左上角。

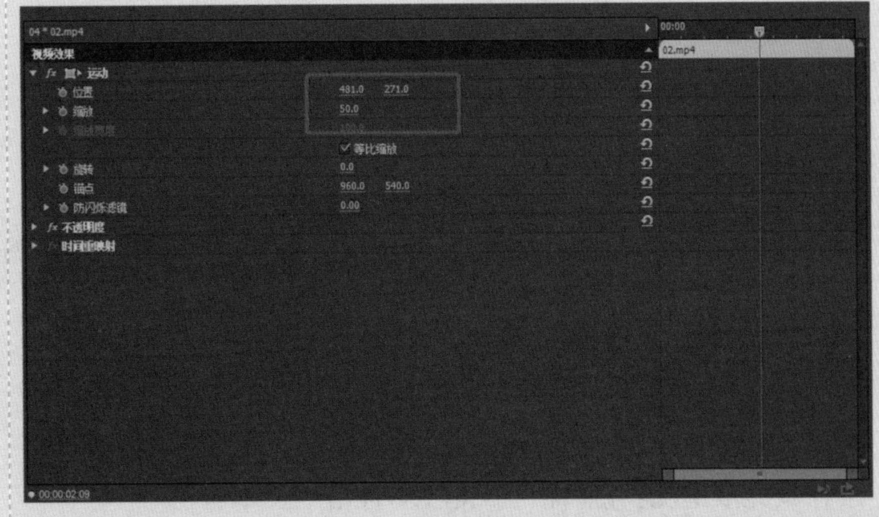

❹处理第3个视频素材，打开“效果控件”面板，选择“运动”→“缩放”参数，设置其值为“50.0”，调节“位置”参数，将视频素材放置在画面左下角。

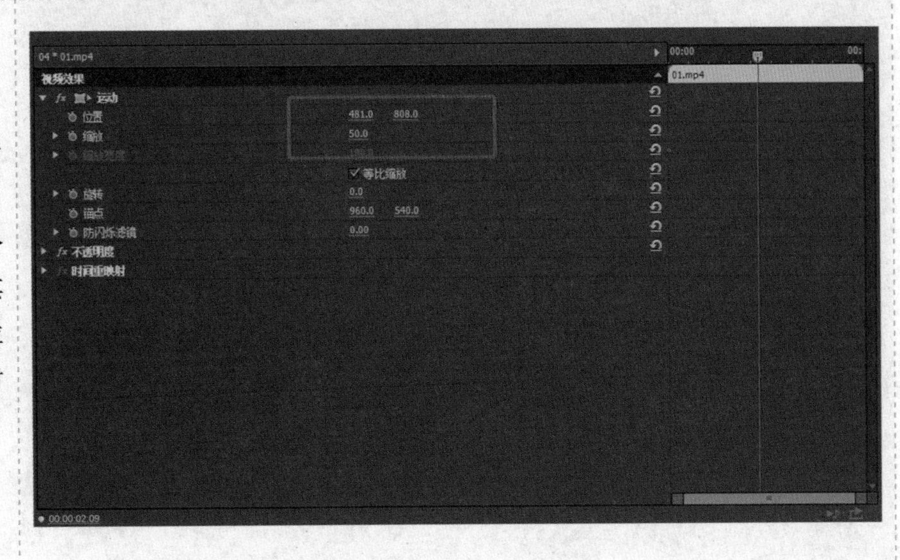

❺制作完成，观看效果。

任务评价

1. 自我评价

□ 导入视频素材，将其缩放为帧大小

□ 掌握“线性擦除”效果的用法

□ 学会在“效果控件”面板中设置“缩放”参数

□ 学会在“效果控件”面板中设置“位置”参数

□ 导出序列，形成 MP4 影片

2. 教师评价

工作页完成情况：□ 优 □ 良 □ 合格 □ 不合格

任务三　画中画分屏

	学习领域：分屏制作	班级：	姓名：
		地点：	日期：

任务目标

1. 学会运用“效果控件”面板添加蒙版；
2. 学会运用“效果控件”面板调整参数；
3. 提升数字媒体的制作与创新能力。

任务导入

展示分屏动画作品，感受分屏动画的视觉美。

任务准备

1. 安装 PR 及运行环境；
2. 准备 2 个视频素材。

任务实施

步骤	说明或截图
❶将 2 个视频素材分别放在不同的轨道上。	

❷选中V2轨道上的视频素材。

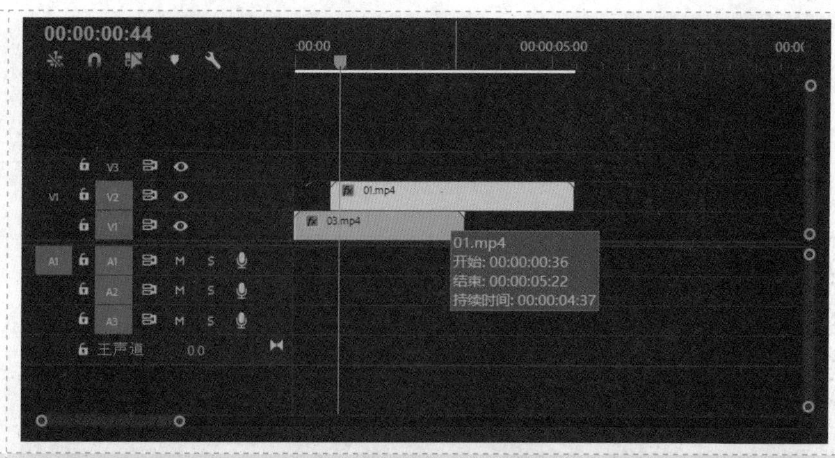

❸在“效果控件”面板的“不透明度”属性中单击“创建椭圆形蒙版”按钮，为V2轨道上的视频素材添加椭圆形蒙版。

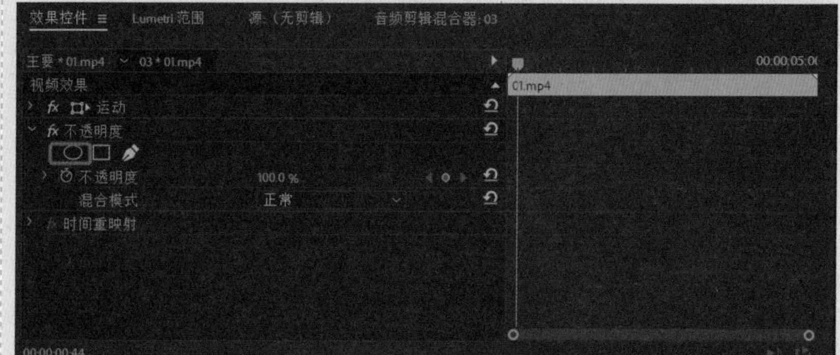

❹ 拖动椭圆形蒙版上的4个点，调整蒙版形状及大小。

❺设置“效果控件”面板中的“位置”参数，将V2 轨道上的视频素材放置到合适的位置。

❻ 制作完成，观看效果。

任务评价

1. 自我评价

□ 导入视频素材，将其缩放为帧大小

□ 学会运用“效果控件”面板添加蒙版

□ 学会在“效果控件”面板中设置“位置”参数

□ 导出序列，形成 MP4 影片

2. 教师评价

工作页完成情况：□ 优 □ 良 □ 合格 □ 不合格

任务四 斜分三分屏

	学习领域：分屏制作	班级：	姓名：
		地点：	日期：

任务目标

1. 掌握 PR 中“线性擦除”效果的用法；
2. 提升数字媒体的制作与创新能力。

任务导入

展示分屏动画作品，感受分屏动画的视觉美。

任务准备

1. 安装 PR 及运行环境；
2. 准备 3 个视频素材。

任务实施

步骤	说明或截图
❶将 3 个视频素材分别放在不同的轨道上，并使其头部对齐。	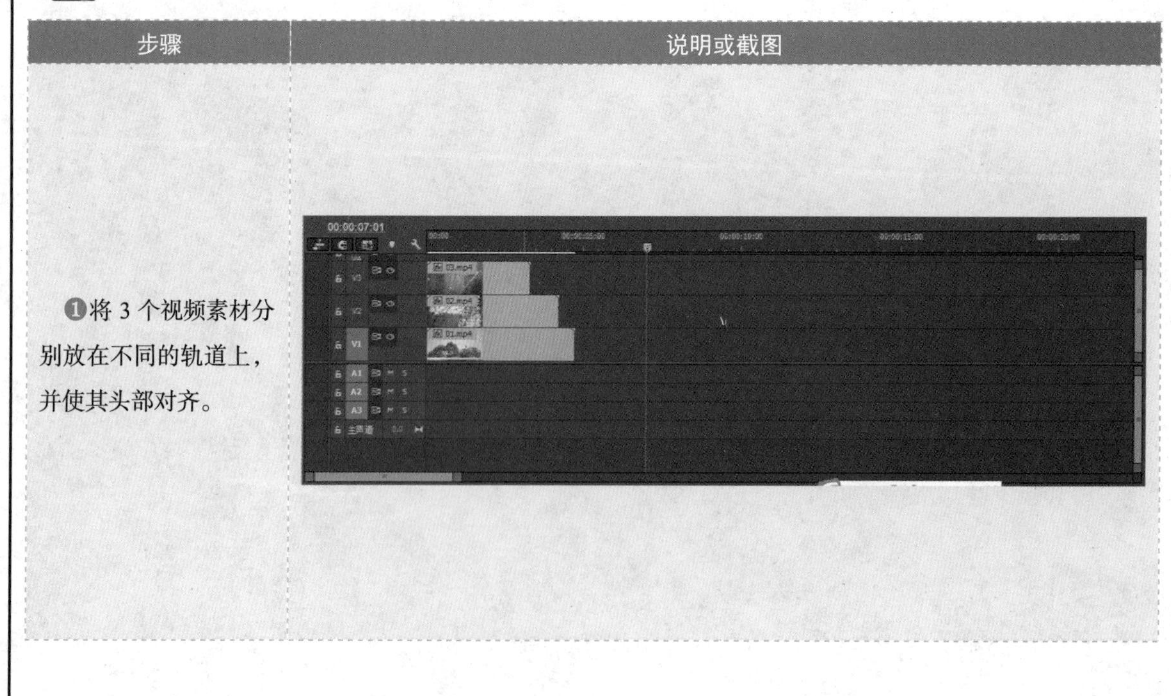

❷处理第 1 个视频素材，为其添加“线性擦除”效果，设置“过渡完成”参数值为“33%”、“擦除角度”参数值为“110.0° ”。

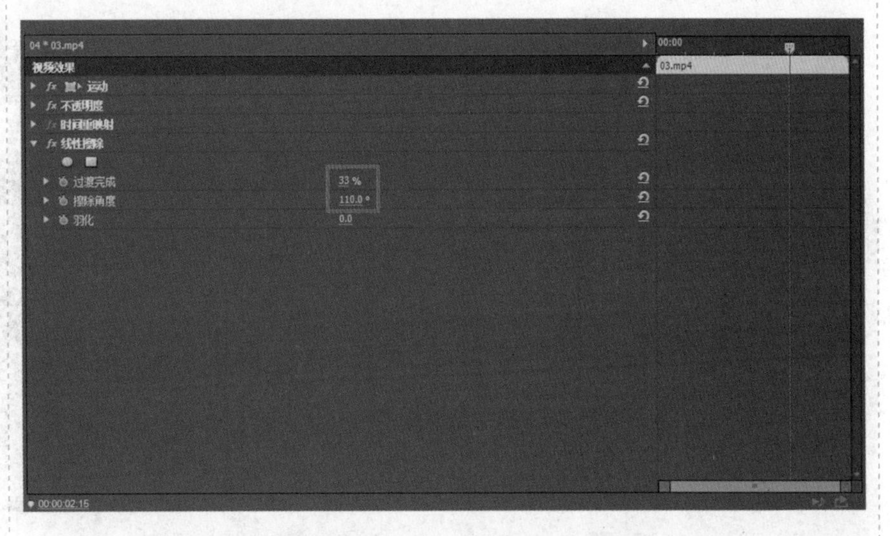

❸再次处理第 1 个视频素材，为其添加“线性擦除”效果，设置“过渡完成”参数值为“33%”、“擦除角度”参数值为“250.0° ”。

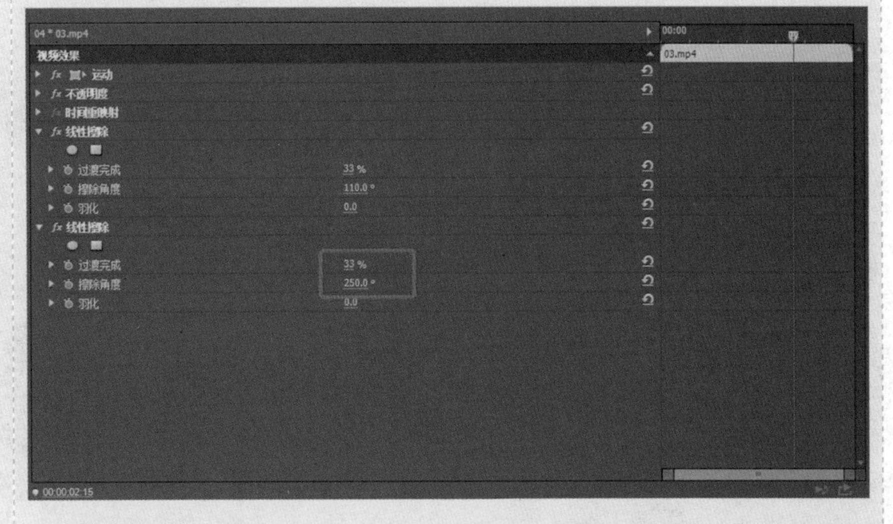

❹处理第 2 个视频素材，为其添加“线性擦除”效果，设置“过渡完成”参数值为“67%”、“擦除角度”参数值为“290.0° ”。

❺处理第 3 个视频素材，为其添加“线性擦除”效果，设置“过渡完成”参数值为“67%”、“擦除角度”参数值为“70.0° ”。

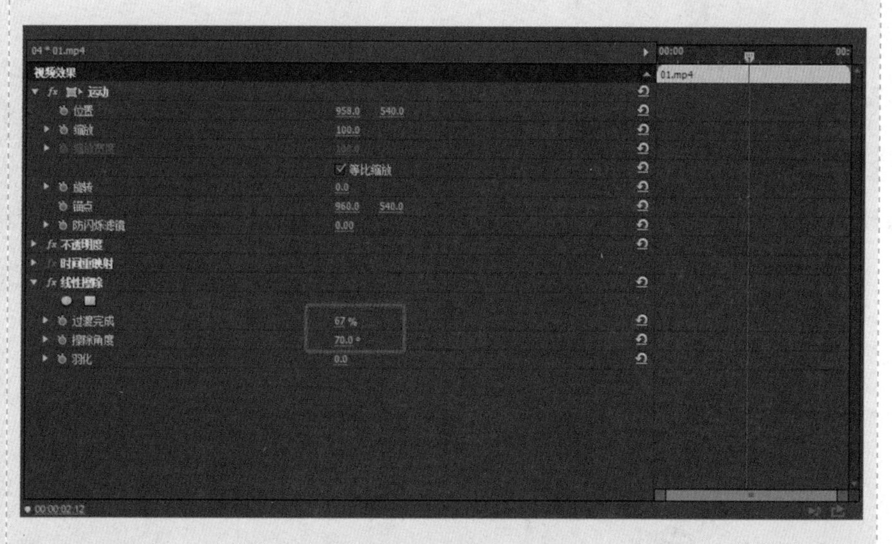

❻制作完成，观看效果。

任务评价

1. 自我评价

□ 导入视频素材，将其缩放为帧大小

□ 掌握“线性擦除”效果的用法

□ 导出序列，形成 MP4 影片

2. 教师评价

工作页完成情况：□ 优 □ 良 □ 合格 □ 不合格

任务五　对角四分屏

	学习领域：分屏制作	班级：	姓名：
		地点：	日期：

任务目标

1. 掌握 PR 中“线性擦除”效果的用法；
2. 提升数字媒体的制作与创新能力。

任务导入

展示分屏动画作品，感受分屏动画的视觉美。

任务准备

1. 安装 PR 及运行环境；
2. 准备 4 个视频素材。

任务实施

步骤	说明或截图
❶将 4 个视频素材分别放在不同的轨道上，并使其头部对齐。	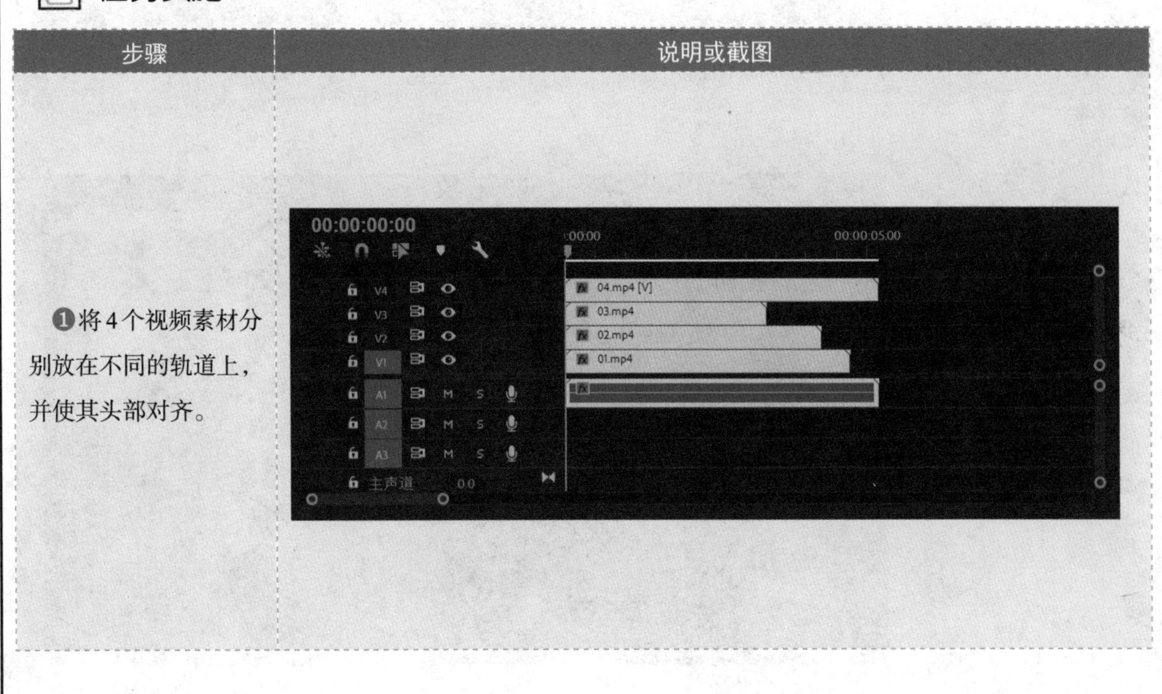

❷处理第1个视频素材，为其添加“线性擦除”效果，设置“过渡完成”参数值为“50%”、“擦除角度”参数值为“150.5°”。

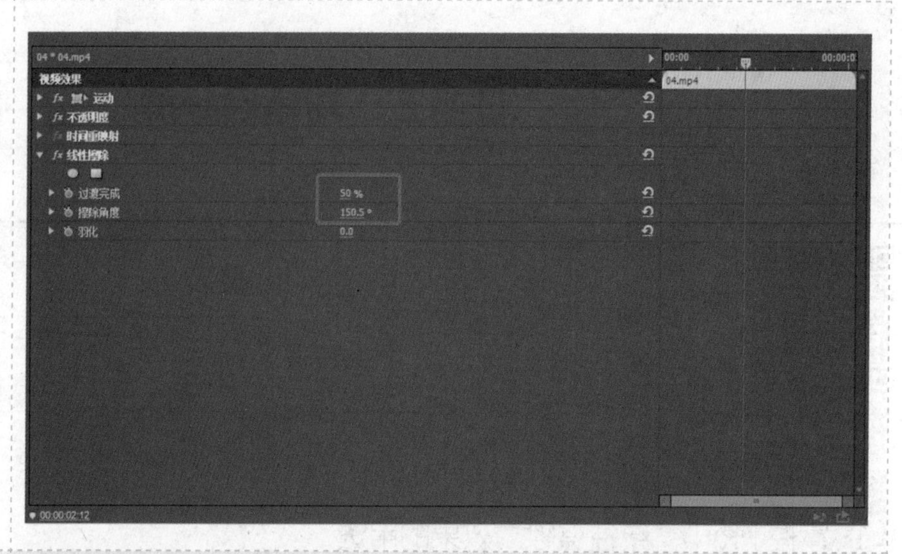

❸再次处理第1个视频素材，为其添加“线性擦除”效果，设置“过渡完成”参数值为“50%”、“擦除角度”参数值为“209.5°”。

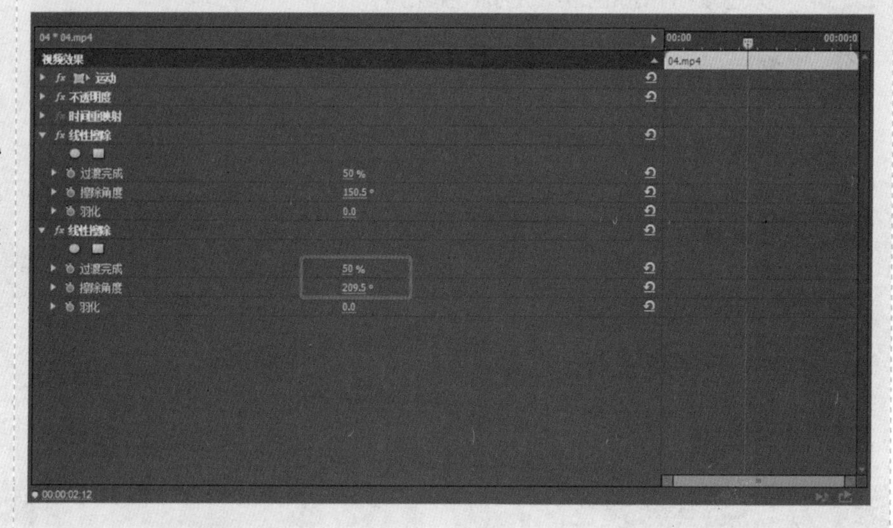

❹处理第2个视频素材，为其添加“线性擦除”效果，设置“过渡完成”参数值为“50%”、“擦除角度”参数值为“29.5°”。

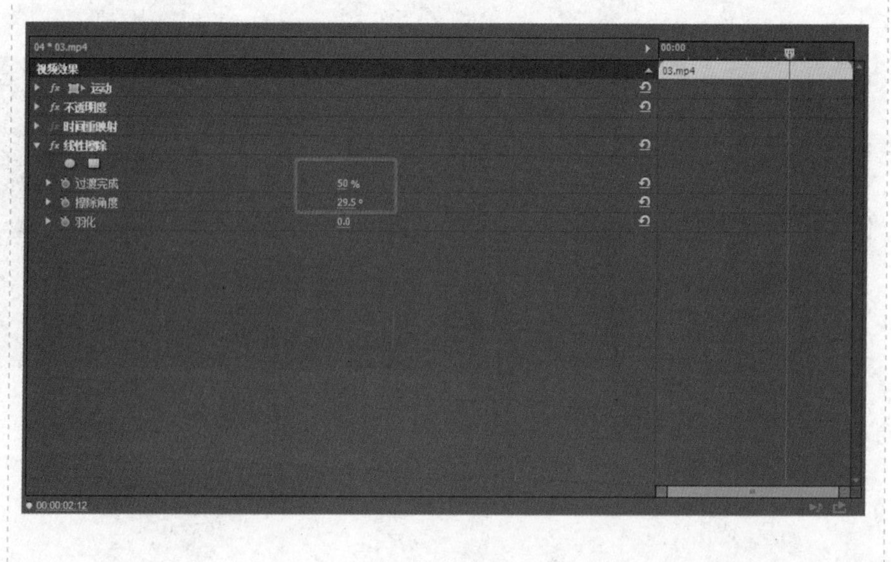

❺再次处理第2个视频素材，为其添加“线性擦除”效果，设置“过渡完成”参数值为“50%”、“擦除角度”参数值为“330.5°”。

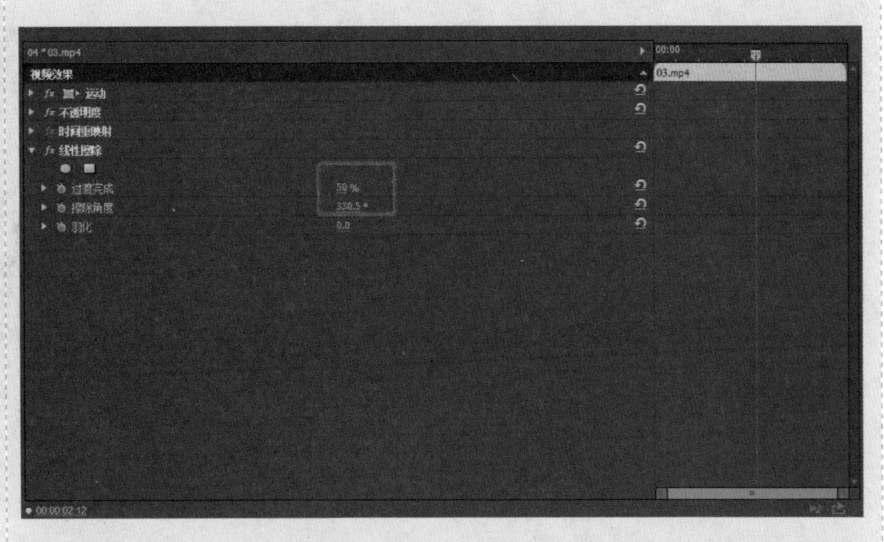

❻处理第3个视频素材，为其添加“线性擦除”效果，设置“过渡完成”参数值为“50%”、“擦除角度”参数值为“330.5°”。

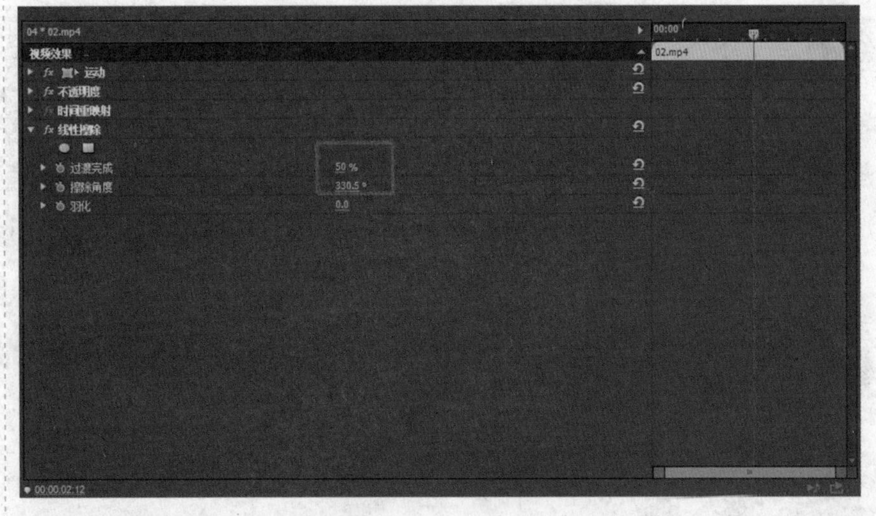

❼再次处理第3个视频素材，为其添加“线性擦除”效果，设置“过渡完成”参数值为“50%”、“擦除角度”参数值为“209.5°”。

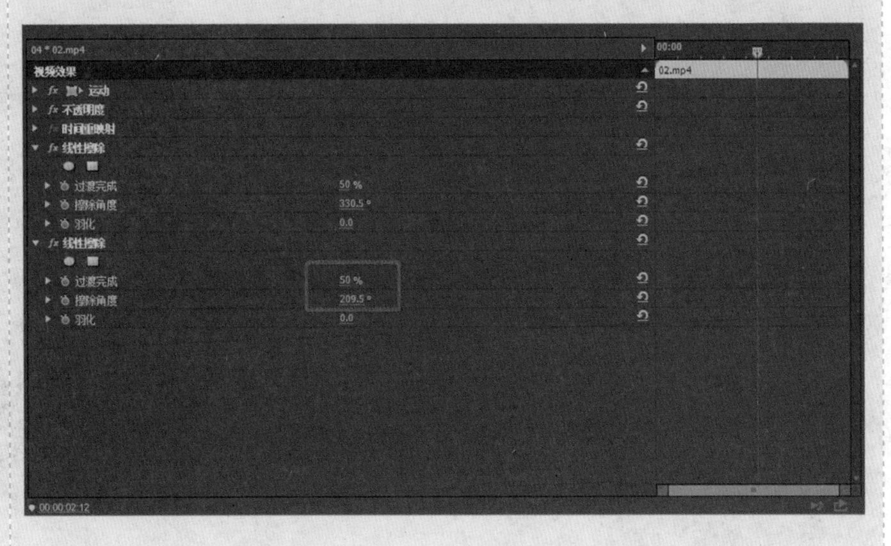

❽处理第4个视频素材，为其添加“线性擦除”效果，设置“过渡完成”参数值为“50%”、“擦除角度”参数值为“29.5°”。

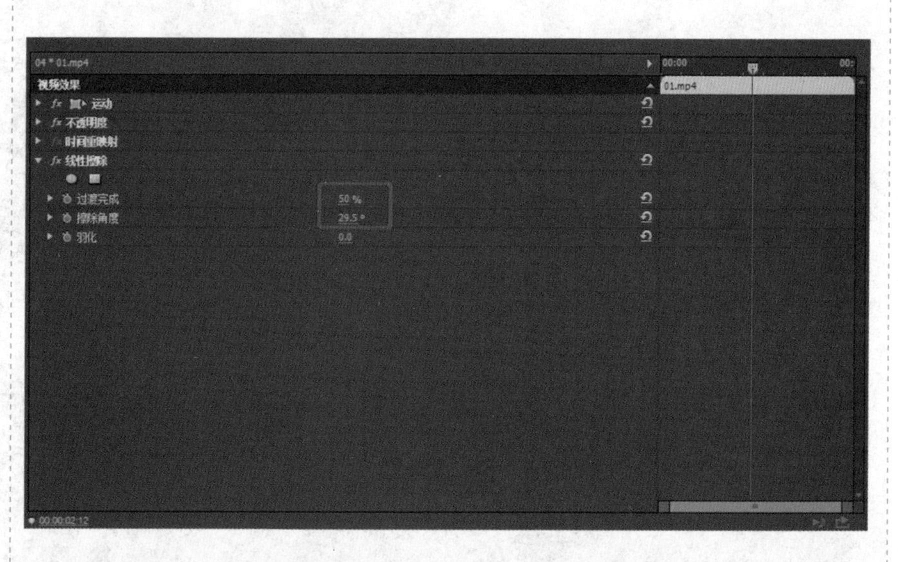

❾再次处理第4个视频素材，为其添加“线性擦除”效果，设置“过渡完成”参数值为“50%”、“擦除角度”参数值为“150.5°”。

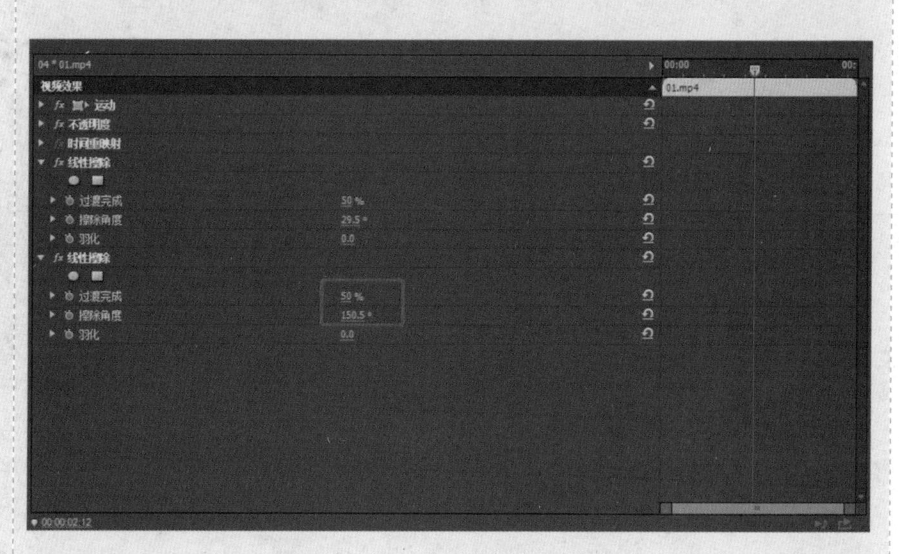

❿制作完成，观看效果。

任务评价

1. 自我评价

□ 导入视频素材，将其缩放为帧大小

□ 掌握“线性擦除”效果的用法

□ 导出序列，形成 MP4 影片

2. 教师评价

工作页完成情况：□ 优 □ 良 □ 合格 □ 不合格

任务六　半圆三分屏

	学习领域：分屏制作	班级：	姓名：
		地点：	日期：

 任务目标

1. 掌握 PR 中“线性擦除”效果的用法；
2. 掌握 PR 中蒙版的用法；
3. 提升数字媒体的制作与创新能力。

任务导入

展示分屏动画作品，感受分屏动画的视觉美。

任务准备

1. 安装 PR 及运行环境；
2. 准备 3 个视频素材。

任务实施

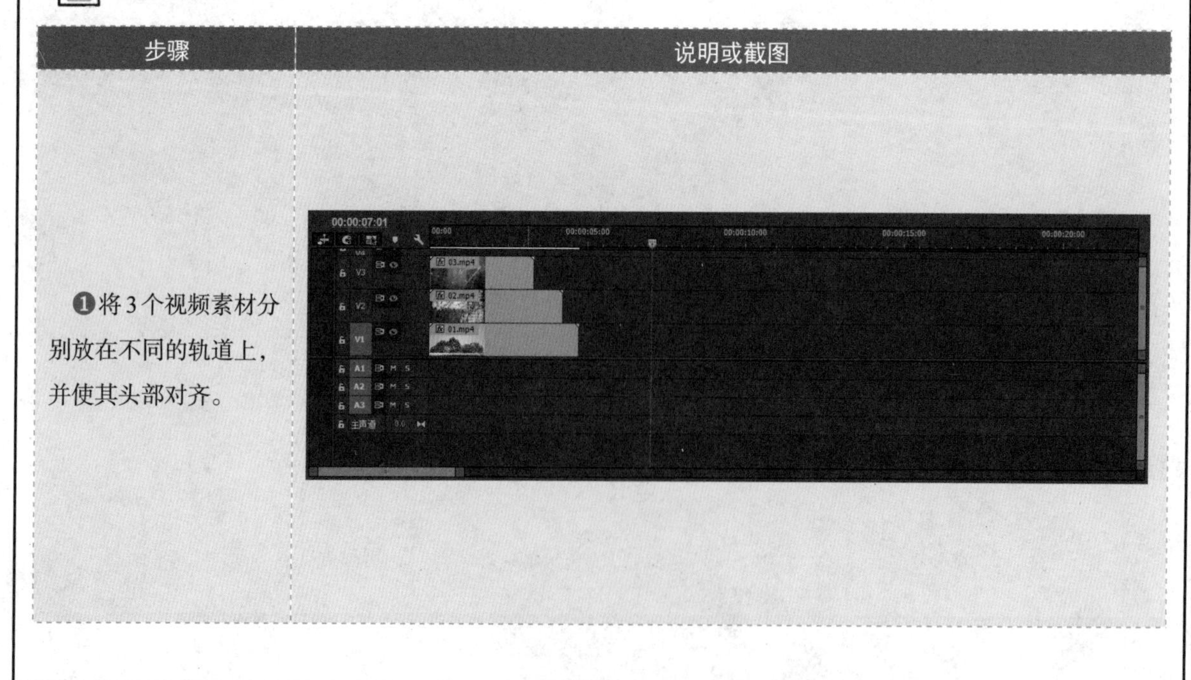

步骤	说明或截图
❶将 3 个视频素材分别放在不同的轨道上，并使其头部对齐。	

❷处理 01.mp4 视频素材，打开“效果控件”面板，设置“运动”属性下的“缩放”参数值为“50.0”，调节“位置”参数，将视频素材放置到画面右上角。

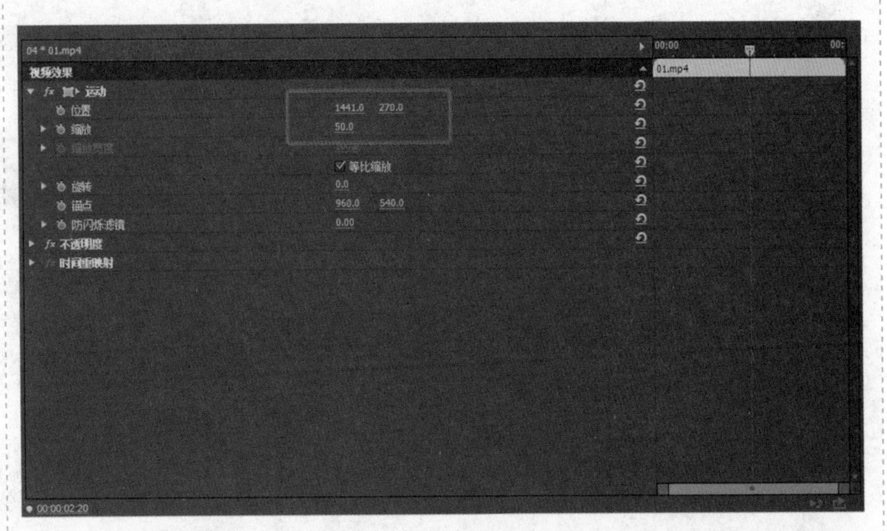

❸处理 02.mp4 视频素材，打开“效果控件”面板，设置“运动”属性下的“缩放”参数值为“50.0”，调节“位置”参数，将视频素材放置到画面右下角。

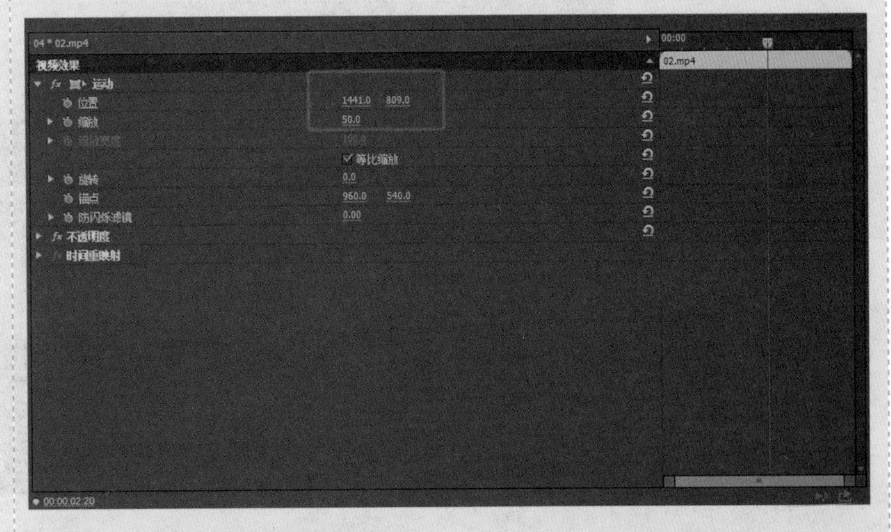

❹处理 03.mp4 视频素材，打开“效果控件”面板，在“不透明度”属性下单击“创建椭圆形蒙版”按钮，创建椭圆形蒙版。

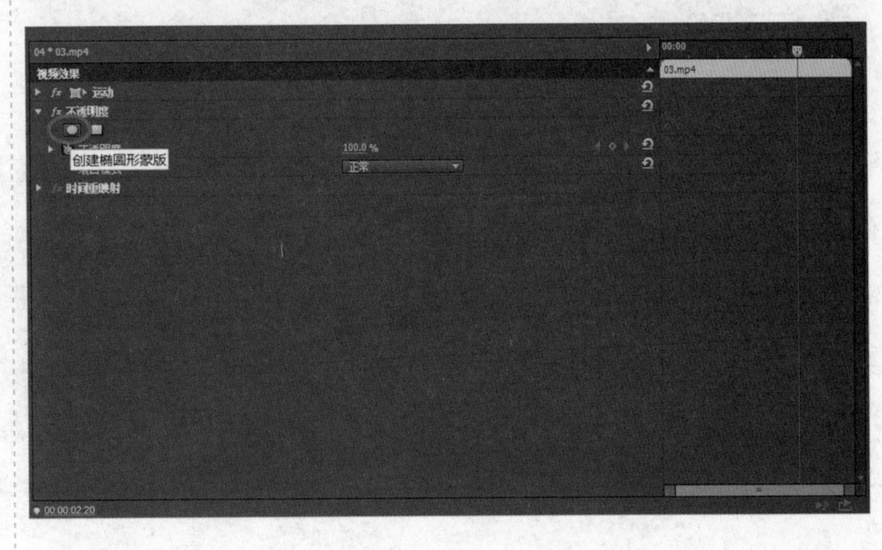

❺调节蒙版的大小。

❻制作完成，观看效果。

任务评价

1. 自我评价

☐ 导入视频素材，将其缩放为帧大小

☐ 掌握蒙版的用法

☐ 导出序列，形成 MP4 影片

2. 教师评价

工作页完成情况：☐ 优 ☐ 良 ☐ 合格 ☐ 不合格

任务七　对角二分屏

	学习领域：分屏制作	班级：	姓名：
		地点：	日期：

任务目标

1. 掌握 PR 中“线性擦除”效果的用法；
2. 提升数字媒体的制作与创新能力。

任务导入

展示分屏动画作品，感受分屏动画的视觉美。

任务准备

1. 安装 PR 及运行环境；
2. 准备 2 个视频素材。

任务实施

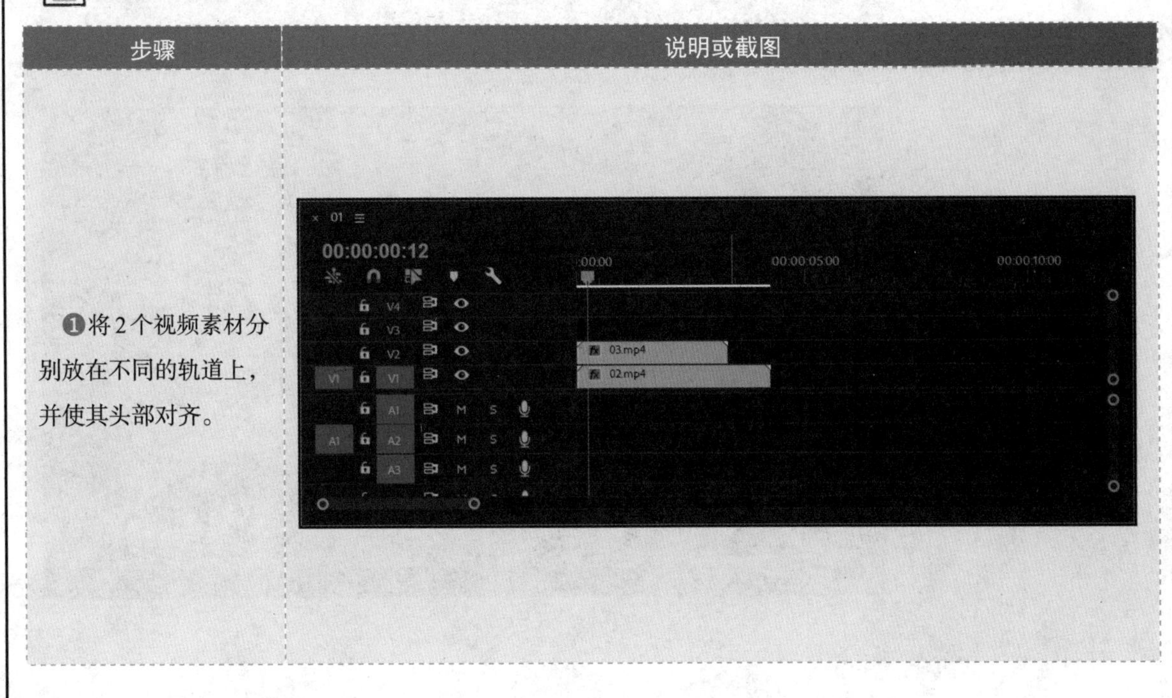

步骤	说明或截图
❶将 2 个视频素材分别放在不同的轨道上，并使其头部对齐。	

❷处理第1个视频素材，为其添加“线性擦除”效果，设置“过渡完成”参数值为“50%”、“擦除角度”参数值为“209.5°”。

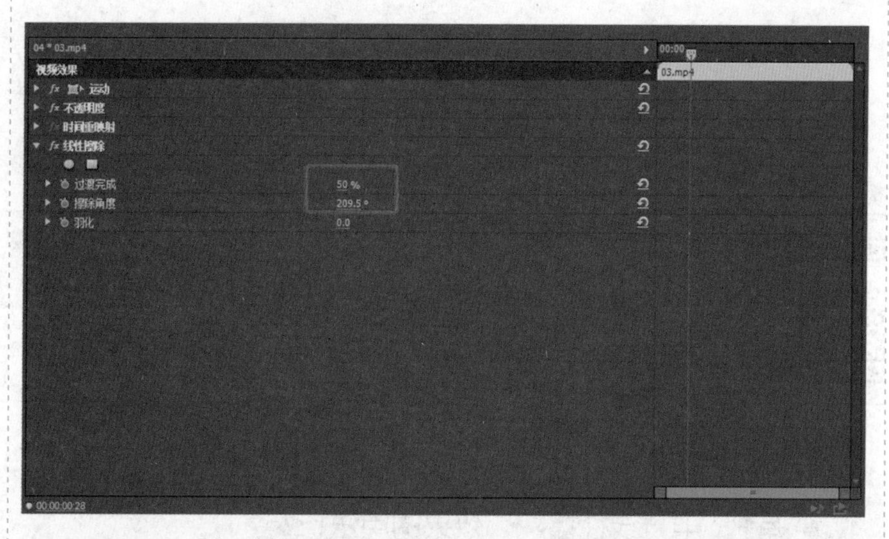

❸处理第2个视频素材，为其添加“线性擦除”效果，设置“过渡完成”参数值为“50%”、“擦除角度”参数值为“29.5°”。

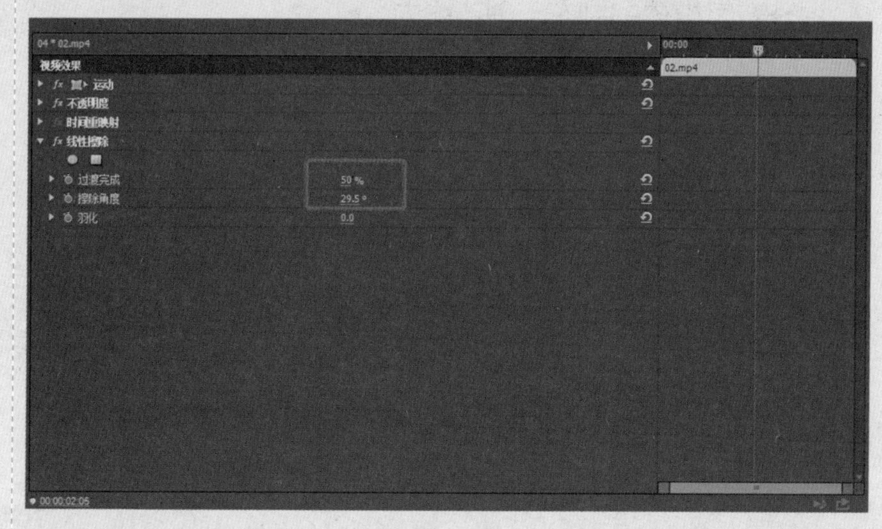

❹制作完成，观看效果。

任务评价

1. 自我评价

□ 导入视频素材，将其缩放为帧大小

□ 掌握“线性擦除”效果的用法

□ 导出序列，形成 MP4 影片

2. 教师评价

工作页完成情况：□ 优 □ 良 □ 合格 □ 不合格

任务八　水平等分三分屏

	学习领域：分屏制作	班级：	姓名：
		地点：	日期：

任务目标

1. 掌握 PR 中“裁剪”效果的用法；
2. 提升数字媒体的制作与创新能力。

任务导入

展示分屏动画作品，感受分屏动画的视觉美。

任务准备

1. 安装 PR 及运行环境；
2. 准备 3 个视频素材。

任务实施

步骤	说明或截图
❶将 3 个视频素材分别放在不同的轨道上，并使其头部对齐。	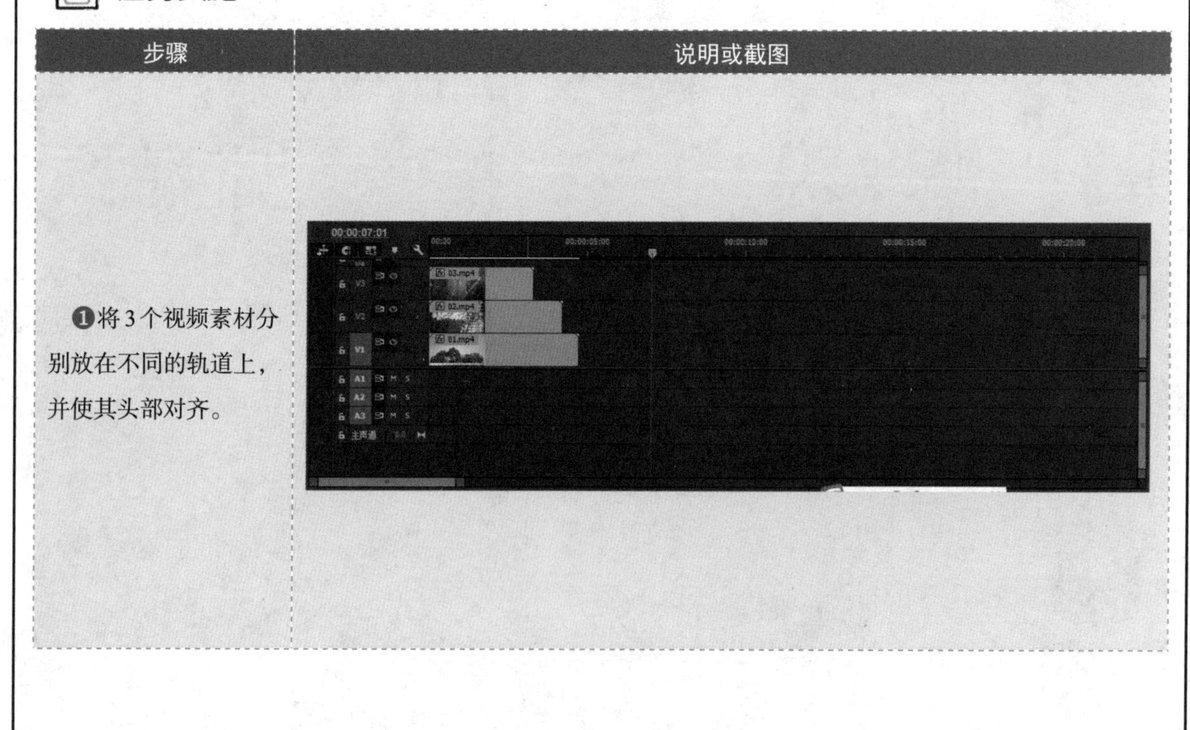

❷处理第1个视频素材，为其添加“裁剪”效果。

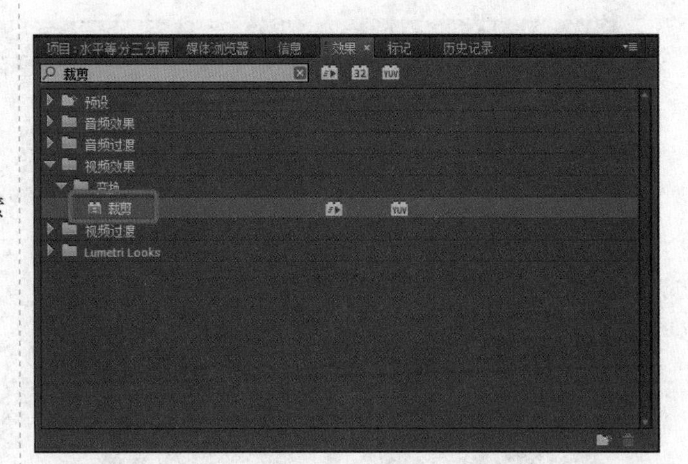

❸再次处理第1个视频素材，打开“效果控件”面板，设置“裁剪”属性下的“底对齐”参数值为“67.0%”。

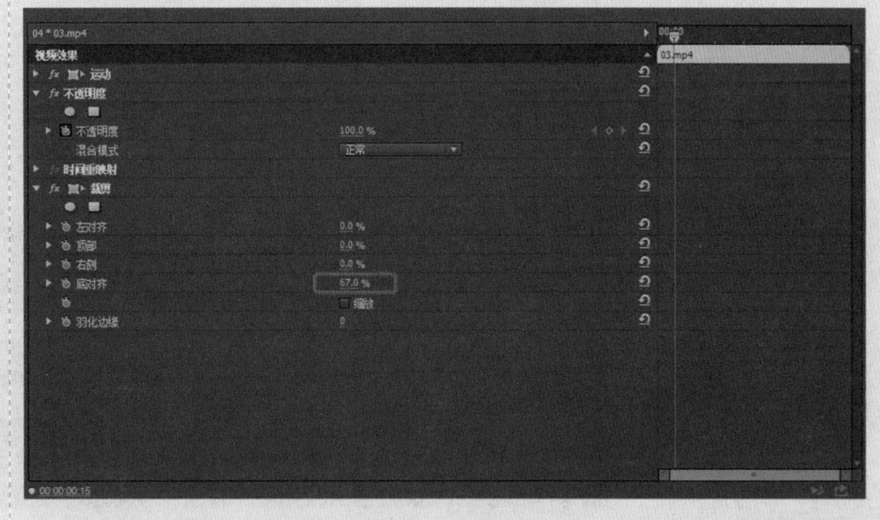

❹处理第2个视频素材，为其添加“裁剪”效果，打开“效果控件”面板，设置“裁剪”属性下的“底对齐”参数值为“33.0%”、“顶部”参数值为“33.0%”。

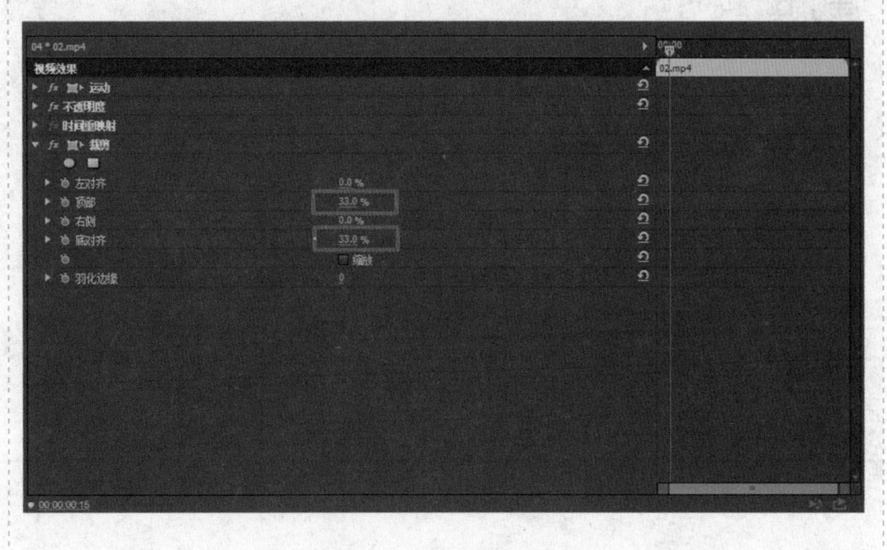

❺处理第3个视频素材，为其添加“裁剪”效果，打开“效果控件”面板，设置“裁剪”属性下的“顶部”参数值为“67.0%”。

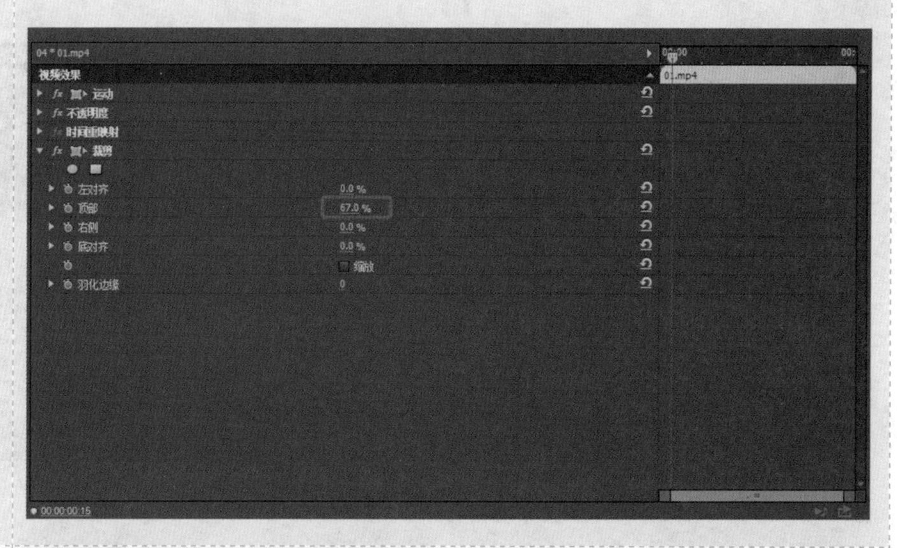

❻制作完成，观看效果。

任务评价

1. 自我评价

□ 导入视频素材，将其缩放为帧大小

□ 掌握“裁剪”效果的用法

□ 导出序列，形成MP4影片

2. 教师评价

工作页完成情况：□ 优 □ 良 □ 合格 □ 不合格

任务九　多方向四分屏

	学习领域：分屏制作	班级：	姓名：
		地点：	日期：

任务目标

1. 掌握 PR 中“裁剪”效果的用法；
2. 提升数字媒体的制作与创新能力。

任务导入

展示分屏动画作品，感受分屏动画的视觉美。

任务准备

1. 安装 PR 及运行环境；
2. 准备 4 个视频素材。

任务实施

步骤	说明或截图
❶将 4 个视频素材分别放在不同的轨道上，并使其头部对齐。	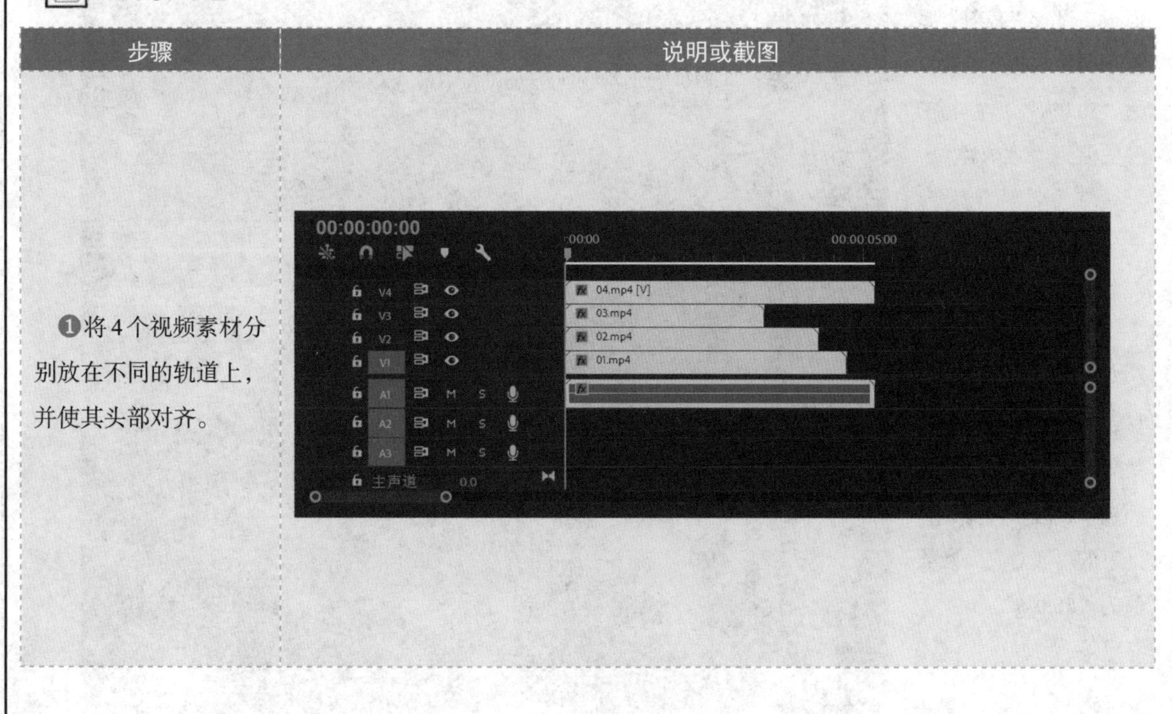

❷处理第1个视频素材，为其添加“裁剪”效果。

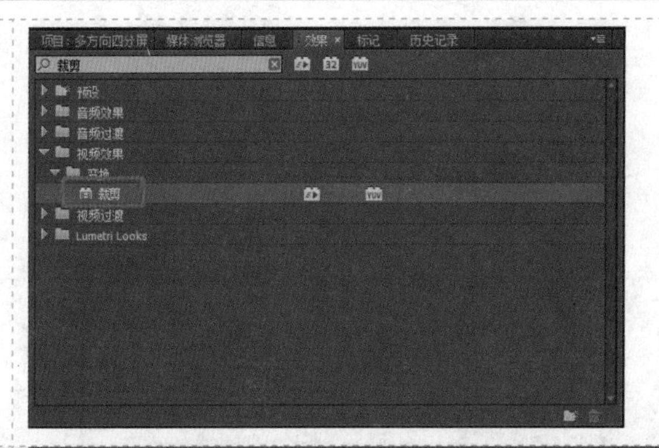

❸再次处理第1个视频素材，为其添加“裁剪”效果，打开“效果控件”面板，设置“裁剪”属性下的 “右侧”参数值为“75.0%”。

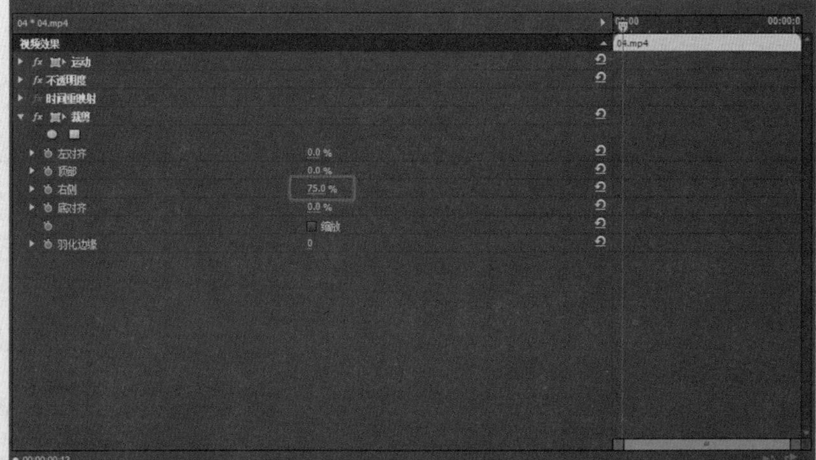

❹处理第2个视频素材，为其添加“裁剪”效果，打开“效果控件”面板，设置“裁剪”属性下的“右侧”参数值为“50.0%”、“左对齐”参数值为“25.0%”。

❺处理第3个视频素材，为其添加“裁剪”效果，打开“效果控件”面板，设置“裁剪”属性下的“底对齐”参数值为“50.0%”。

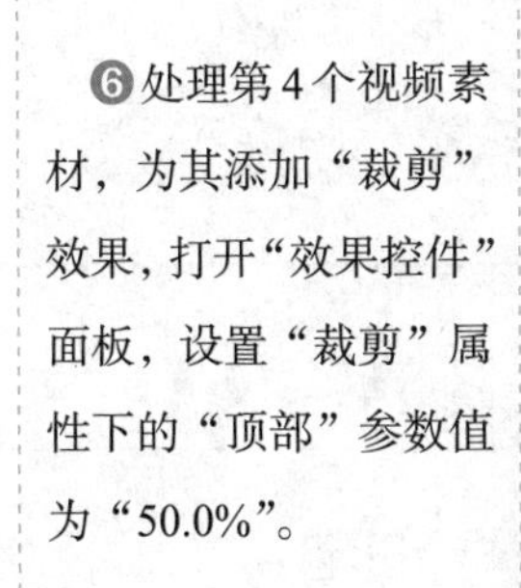

❻处理第4个视频素材，为其添加“裁剪”效果，打开“效果控件”面板，设置“裁剪”属性下的“顶部”参数值为“50.0%”。

❼制作完成，观看效果。

任务评价

1. 自我评价

□ 导入视频素材，将其缩放为帧大小

□ 掌握“裁剪”效果的用法

□ 导出序列，形成MP4影片

2. 教师评价

工作页完成情况：□ 优 □ 良 □ 合格 □ 不合格

任务十　多画面分屏

	学习领域：分屏制作	班级：	姓名：
		地点：	日期：

任务目标

1. 熟悉 PR 中“风格化”效果的组成；
2. 熟悉 PR 中“变换”效果的组成；
3. 灵活运用 PR 中的“Replicate”及“裁剪”效果；
4. 学习剪辑特效的制作方法，传承电影经典。

任务导入

分屏常见于电影中的平行剪辑和交叉剪辑。利用分屏可丰富不同的景别、人物等。

任务准备

观看电影《姐妹情仇》中的分屏和正反打镜头效果，分析影片中制造出的强烈惊悚感和悬疑感的技术手法。

任务实施

步骤	说明或截图
❶在 PR 中导入 3 个视频素材，将其中之一拖至时间轴上，新建一个序列；按“Ctrl+L”快捷键，将视频素材音频、视频轨道分离；打开“效果”标签页，将“Replicate”效果添加至视频素材上，将画面一分为四。	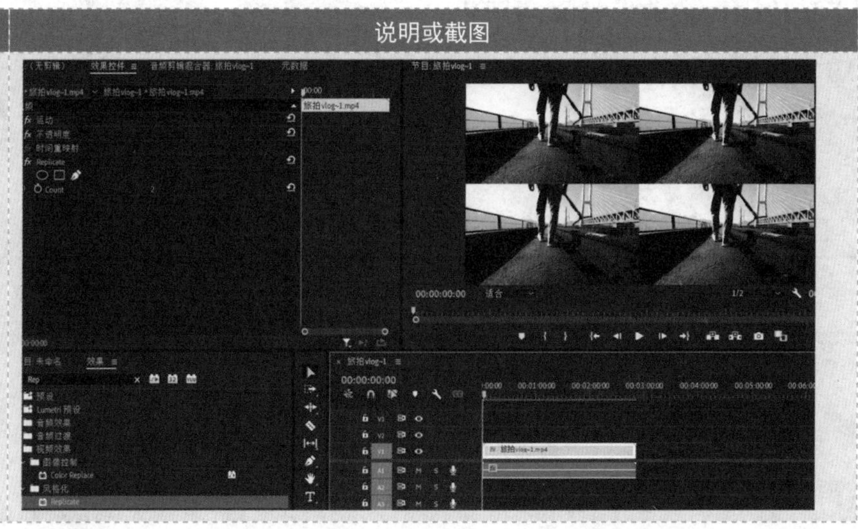

❷打开“效果”标签页，将“裁剪”效果添加至视频素材上；在“效果控件”面板中，设置“裁剪”属性下的“右侧”参数值为“50.0%”、“底部”参数值为“50.0%”，得到1/4画面效果。

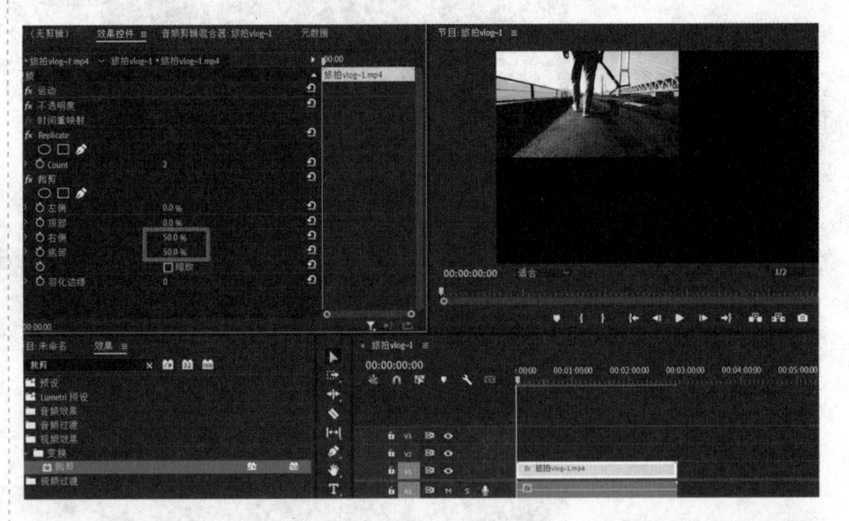

❸拖动第2个视频素材至V2轨道上，打开“效果”标签页，将“裁剪”效果添加至视频素材上；在“效果控件”面板中，设置“裁剪”属性下的“左侧”参数值为“50.0%”、“底部”参数值为“50.0%”，得到1/4画面效果。

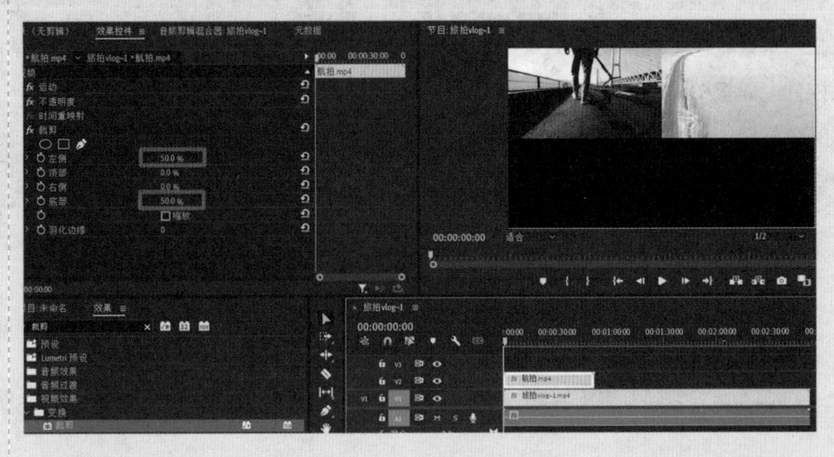

❹拖曳第3个视频素材至V3轨道上，打开“效果”标签页，将“裁剪”效果添加至视频素材上；在“效果控件”面板中，设置“裁剪”属性下的“顶部”参数值为“50.0%”，得到1/2画面效果。

❺打开“效果”标签页，将“变换”效果添加至V3轨道的视频素材上；打开“效果控件”面板，将“变换”属性拖曳至“裁剪”属性上；调整“变换”属性下“位置”参数的 Y 轴坐标，对画面裁剪的位置进行调整。

❻使用钢笔工具绘制两根相互垂直的直线；在“效果控件”面板中调整直线的颜色及粗细，完成最终的效果制作。

任务评价

1. 自我评价

- □ 熟悉PR“效果”标签页中“风格化”和“变换”效果的组成
- □ 掌握“Replicate”效果的用法
- □ 调整“Replicate”参数，实现画面的 N 等分
- □ 掌握“裁剪”效果的用法
- □ 通过设置“变换”属性下的“位置”参数来调整画面裁剪的位置
- □ 掌握钢笔工具的用法

2. 教师评价

工作页完成情况：□ 优 □ 良 □ 合格 □ 不合格

抠像制作

任务一 Alpha 调整

	学习领域：抠像制作	班级：	姓名：
		地点：	日期：

任务目标

1. 熟悉 PR 中“键控”效果的组成；
2. 学会在 PR 中导出带 Alpha 通道的视频文件；
3. 掌握“Alpha 调整”抠像操作；
4. 通过模块化作业提高工作效率。

任务导入

“抠图”与“特效处理”是在创作影视作品时使用的重要手法，蒙太奇创作手法所呈现的艺术效果让人叹为观止。

任务准备

准备高版本 PR，如果使用低版本 PR，则操作者要事先在计算机中安装 QuickTime 程序，否则将无法在 PR 中导入 MOV 格式的视频文件。

任务实施

步骤	说明或截图
❶在 PR 中导入一个视频素材，将其拖至时间轴上，新建一个序列；保持视频素材的被选定状态，新建一个椭圆形蒙版，参数设置如右图所示。	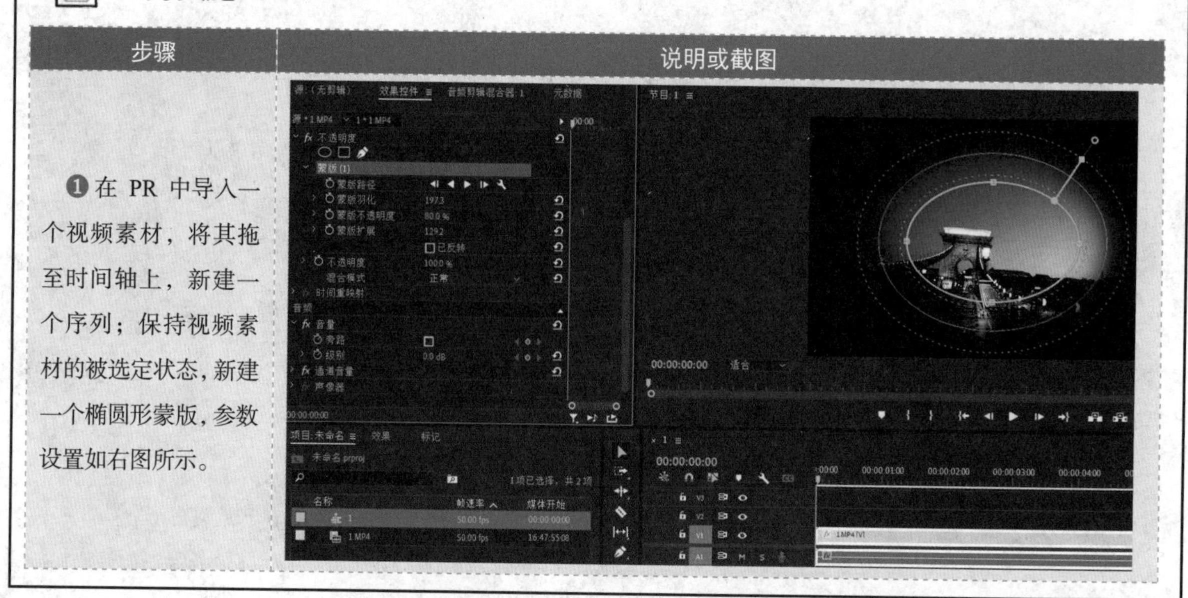

❷选中序列，按“Ctrl+M”快捷键，打开“导出设置”对话框，在“格式”下拉列表中选择“QuickTime”选项，在“预设”下拉列表中选择“GoPro CineForm RGB 12-bit with alpha at Maximum Bit Depth”选项，单击“导出”按钮，完成视频文件的导出操作。

❸将导出的带Alpha通道的视频文件重新导入“项目”面板中，根据该文件新建一个序列；在“效果”标签页中选择“视频效果”→“键控”→“Alpha调整”选项，将其拖至时间轴的素材上。

❹在“效果控件”面板中，勾选“Alpha调整”属性中的“忽略Alpha”复选框，此时将忽略椭圆形蒙版，完整显示视频素材。

❺在"效果控件"面板中，勾选"Alpha 调整"属性中的"反转 Alpha"复选框，此时将显示椭圆形蒙版之外的视频区域。

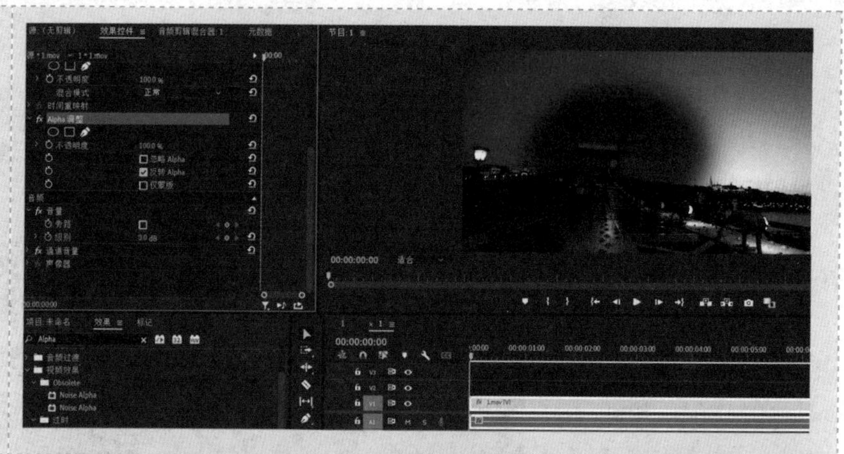

❻在"效果控件"面板中，勾选"Alpha 调整"属性中的"仅蒙版"复选框，此时将显示椭圆形蒙版。

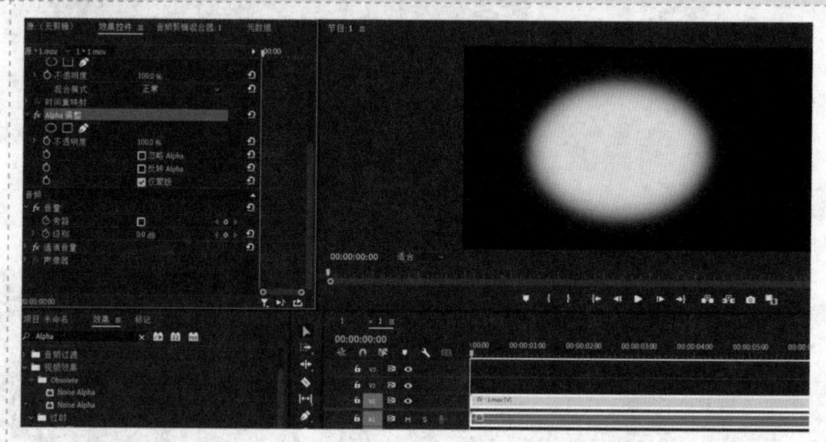

任务评价

1. 自我评价

□ 熟悉 PR 中"键控"效果的组成

□ 掌握"蒙版"的创建与调整方法

□ 掌握"导出设置"对话框的自定义设置

□ 掌握带 Alpha 通道的视频文件的导出方法

□ 了解序列片段的导出方法

□ 了解"Alpha 调整"属性的应用范围

□ 掌握"Alpha 调整"属性中各个参数的用法

2. 教师评价

工作页完成情况：□ 优 □ 良 □ 合格 □ 不合格

任务二　亮度键

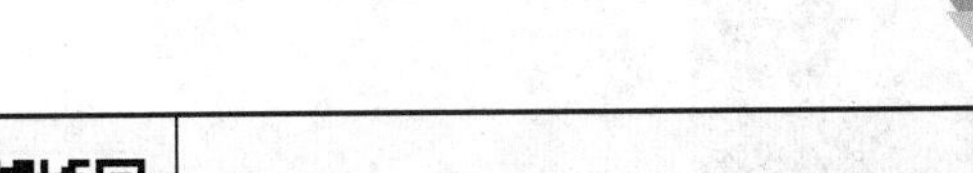

	学习领域：抠像制作	班级：	姓名：
		地点：	日期：

任务目标

1. 掌握在 PR 中用“亮度键”进行抠像的方法；
2. 掌握对多个图片素材统一进行“色温”调整的方法；
3. 学会在 PR 中设置“亮度键”的转场效果；
4. 分清“亮度键”抠像的应用场合，提高作品的精细度。

任务导入

观摩抖音等平台上的作品，分析其抠像或转场效果的制作手法。

任务准备

选用明暗度反差比较大的图片或视频素材。

任务实施

步骤	说明或截图
❶在 PR 中导入两个图片素材，将园林.jpg 图片素材拖至时间轴上，新建一个序列；将天空.jpg 图片素材作为园林.jpg 图片素材的天空。	

❷在“效果”标签页中选择“视频效果”→“键控”→“亮度键”选项，将其拖至时间轴的园林.jpg图片素材上。

❸在“亮度键”效果下，使用钢笔工具大致绘制出如右图所示的天空蒙版；调整“阈值”和“屏蔽度”参数值，完成园林.jpg图片素材中天空的抠像。

❹将园林.jpg图片素材拖至V2轨道上，将天空.jpg图片素材拖至V1轨道上。

❺在“项目”面板上新建一个调整图层，切换至“颜色”标签页，在“基本校正”模块中调整“白平衡”→“色温”参数，使两个图层上的内容更加协调、统一。

❻使 V1 和 V2 两个轨道上的图片素材部分重叠；按“Ctrl+K”快捷键，将重叠区域分割。

❼对重叠区域应用“亮度键”效果；在“效果控件”面板中为“亮度键”属性下的“阈值”和“屏蔽度”参数设置关键帧，其值变化范围为 0%～100%，从而完成“亮度键”的转场效果设置。

任务评价

1. 自我评价

□ 确定“亮度键”在“效果”标签页中的定位

□ 学会在“亮度键”下建立自定义形状蒙版

□ 学会使用“亮度键”效果进行抠像

□ 学会使用调整图层统一调整画面的“色温”

□ 学会在两个图片素材的重叠区域应用“亮度键”效果

□ 学会设置“亮度键”的转场效果

2. 教师评价

工作页完成情况：□ 优 □ 良 □ 合格 □ 不合格

任务三 颜色键

<table>
<tr><td rowspan="2"></td><td rowspan="2">学习领域：抠像制作</td><td>班级：</td><td>姓名：</td></tr>
<tr><td>地点：</td><td>日期：</td></tr>
</table>

任务目标

1. 学会在 PR 中使用“颜色键”进行抠像；
2. 掌握使用“颜色键”处理被抠取对象的边缘的技巧；
3. 学会设置“颜色键”的转场效果；
4. 分清“颜色键”抠像的应用场合，提高作品的精细度。

任务导入

观摩抖音等平台上的作品，分析其抠像或转场效果的制作手法。

任务准备

选用背景颜色较统一的图片或视频素材。

任务实施

步骤	说明或截图
❶在 PR 中导入两个图片素材，将 122666.jpg 图片素材拖至时间轴 V1 轨道上，新建一个序列；将风车 12079335.jpg 图片素材拖至时间轴 V2 轨道上，调整位置、缩放比例，如右图所示；准备对风车 12079335.jpg 图片素材进行“去背”处理。	

❷在“效果”标签页中选择“视频效果”→“键控”→“颜色键”效果，将其拖至时间轴V2轨道的风车12079335.jpg图片素材上。

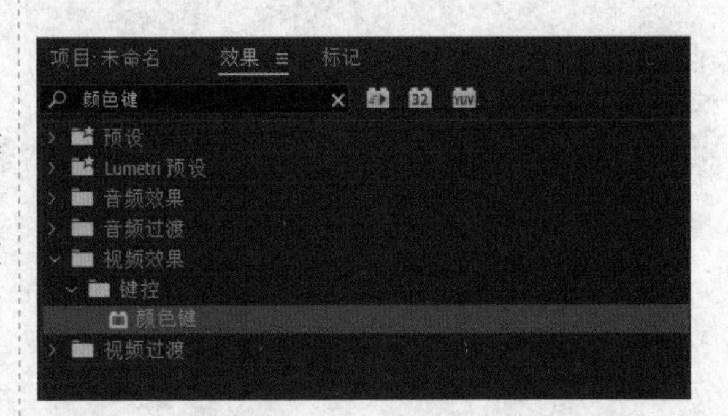

❸在“颜色键”效果下，用“主要颜色”参数下的吸管工具在背景上取样，调整“颜色容差”参数值，完成风车12079335.jpg图片素材的抠像。

❹将风车12079335.jpg图片素材和122666.jpg图片素材分别置于V1和V2轨道上，并使其部分重叠；按“Ctrl+K”快捷键，对重叠区域进行分割。

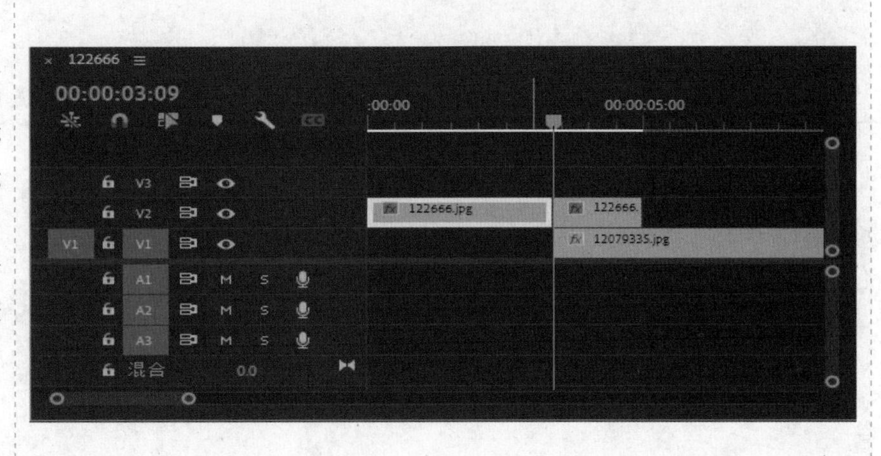

❺ 对重叠区域应用“颜色键”效果；在“效果控件”面板中为“颜色键”属性下的“颜色容差”参数设置关键帧，其值变化范围为 0～255，为“不透明度”参数设置关键帧，其值变化范围为0%～100%，从而完成“颜色键”的转场效果设置。

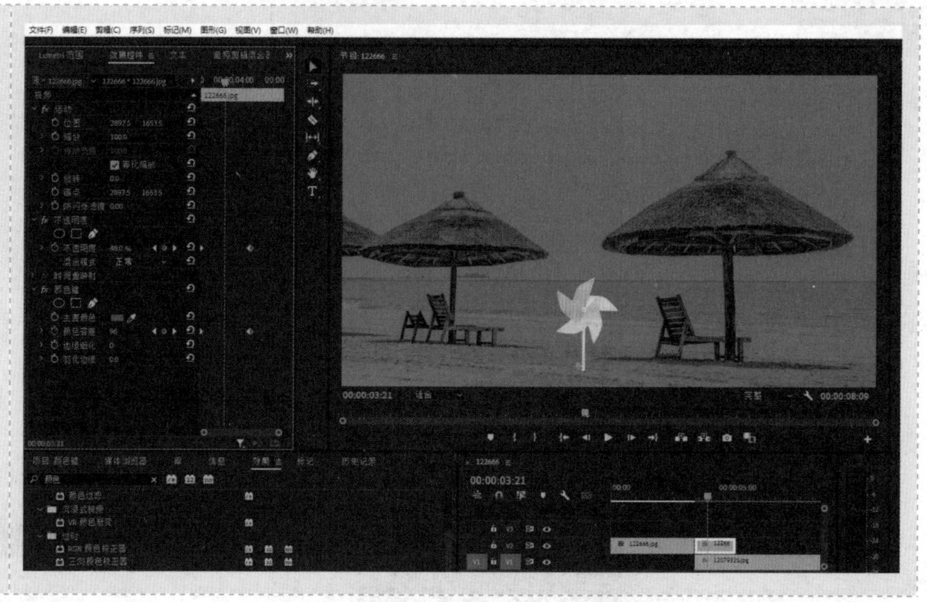

任务评价

1. 自我评价

☐ 确定“颜色键”在“效果”标签页中的定位

☐ 学会在“颜色键”下建立自定义形状蒙版

☐ 学会使用“颜色键”进行抠像

☐ 学会使用嵌套，二次应用“颜色键”进行抠像

☐ 学会在两个图片素材的重叠区域应用“颜色键”

☐ 学会设置“颜色键”的转场效果

2. 教师评价

工作页完成情况：☐ 优 ☐ 良 ☐ 合格 ☐ 不合格

任务四　轨道遮罩键

	学习领域：抠像制作	班级：	姓名：
		地点：	日期：

任务目标

1. 学会在 PR 中使用“轨道遮罩键”进行抠像；
2. 学会在 PR 中使用“轨道遮罩键”设置转场；
3. 掌握“颜色遮罩”、“嵌套”及“倒放”操作；
4. 分清“Alpha 遮罩”与“亮度遮罩”的区别，做出有品位的影视作品。

任务导入

观摩抖音等平台上的作品所使用的水墨转场等效果，分析其制作手法。

任务准备

选用易于分段的视频素材。

任务实施

步骤	说明或截图
❶在 PR 中导入一个视频素材，将视频素材拖至时间轴上，新建一个序列；使用文字工具输入一行文字，作为轨道遮罩蒙版。	

❷ 在“效果”标签页中选择“视频效果”→“键控”→“轨道遮罩键”选项，将其拖至时间轴轨道的视频素材上。

❸ 在“效果控件”面板中对“轨道遮罩键”属性下的参数做如下设置。

遮罩选择“视频 2”；

合成方式：因为文字为白色不透明的，所以此处选“Alpha 遮罩”或“亮度遮罩”均可。

❹ 复制 V2 轨道上的文字，粘贴到 V3 轨道上，在“效果控件”面板中取消勾选“填充”复选框，勾选“描边”复选框，给文字添加边框效果，完成“字中画”效果的制作。

❺ 在“项目”面板上新建一个黑场视频，将其拖至 V2 轨道上；在“效果控件”面板中为黑场视频的“位置”参数设置两个关键帧，时长设置为 2s，做自左向右的平行移动。

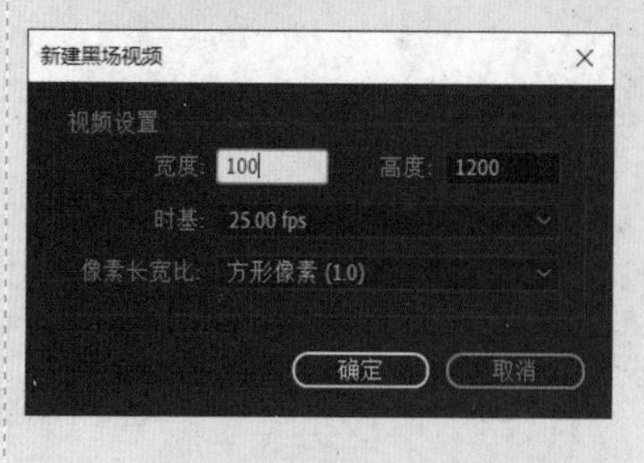

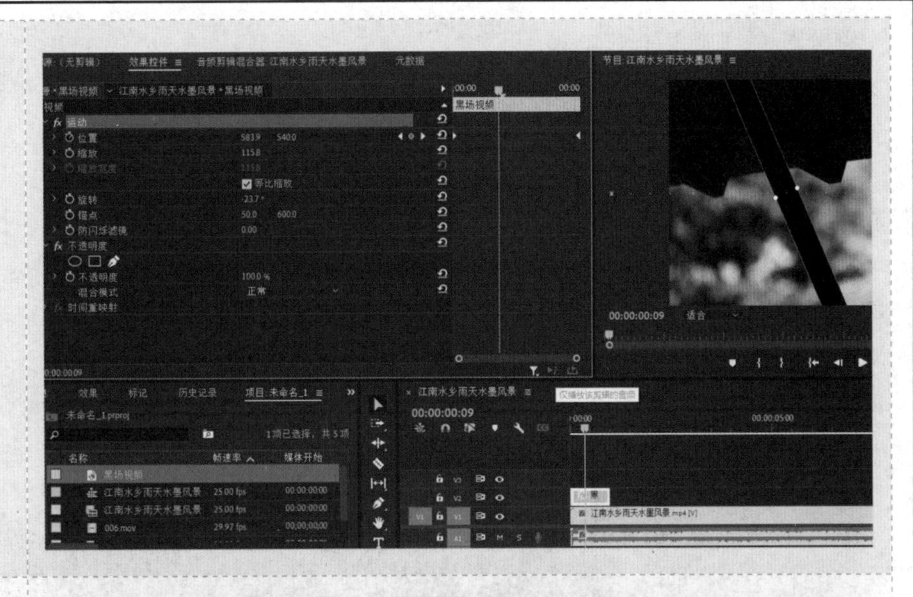

❻在时间轴上，复制黑场视频并向后移动几帧；选中两者并右击，在弹出的快捷菜单中选择“嵌套”命令，在弹出的对话框中设置嵌套序列名称。

❼将“嵌套”拖至V3轨道上，复制一个不带音频轨道的视频素材，对V2轨道再次应用“轨道遮罩键”效果；选择“效果控件”面板中的“轨道遮罩键”属性，将“遮罩”参数设置为“视频3”；将“缩放”参数值设置为“110.0”，画面出现条状划过效果。

❽分别复制视频素材及“嵌套”至V4、V5轨道上。

右击V5轨道上的“嵌套”，在弹出的快捷菜单中选择“剪辑速度/持续时间”命令，在打开的对话框中勾选“倒放速度”复选框。

❾选中V4轨道上的视频素材，在“效果控件”面板中将“轨道遮罩键”属性中的“遮罩”参数设置为“视频5”，画面出现往返的条状转场效果。

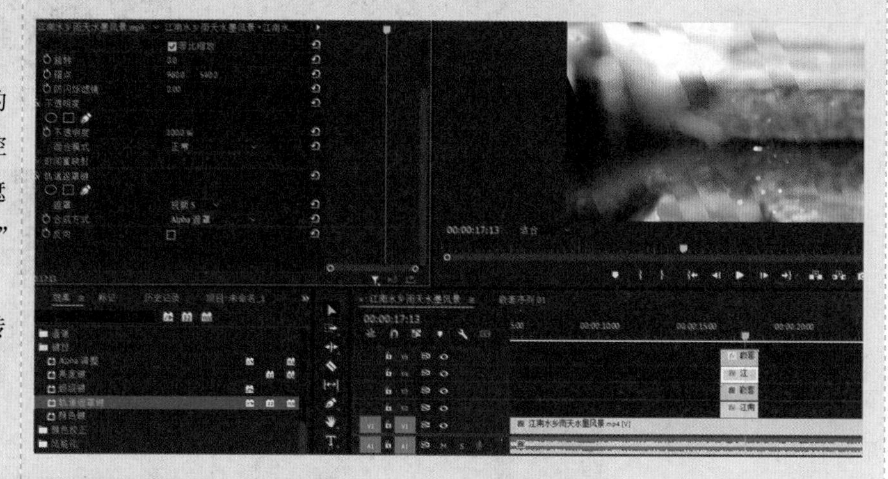

任务评价

1. 自我评价

□ 学会使用“轨道遮罩键”制作“字中画”效果

□ 学会给文字添加边框

□ 学会新建自定义尺寸的“颜色遮罩”

□ 学会在“效果控件”面板中设置“轨道遮罩键”属性

□ 学会运用“亮度遮罩”与“Alpha遮罩”

□ 学会给“嵌套”添加“倒放”效果

2. 教师评价

工作页完成情况：□ 优 □ 良 □ 合格 □ 不合格

任务五 超级键

	学习领域：抠像制作	班级：	姓名：
		地点：	日期：

任务目标

1. 学会在 PR 中使用“超级键”进行简单背景抠像；
2. 学会在 PR 中使用“超级键”进行复杂背景抠像；
3. 学会使用“Photoshop+PR”进行复杂背景抠像；
4. 学会在 PR 中制作“分身-合体”特效；
5. 了解“超级键”是 PR 中顶级的抠像工具。

任务导入

观摩 B 站等平台上影视作品所使用的特效，分析其制作手法。

任务准备

选用有单个人物运动的视频素材。

任务实施

步骤	说明或截图
❶ 在 PR 中导入两个视频素材，将 28027262.mp4 视频素材拖至时间轴上，新建一个序列；将 27058288_ 1920x1080.mov 视频素材叠加至 28027262.mp4 素材之上。	

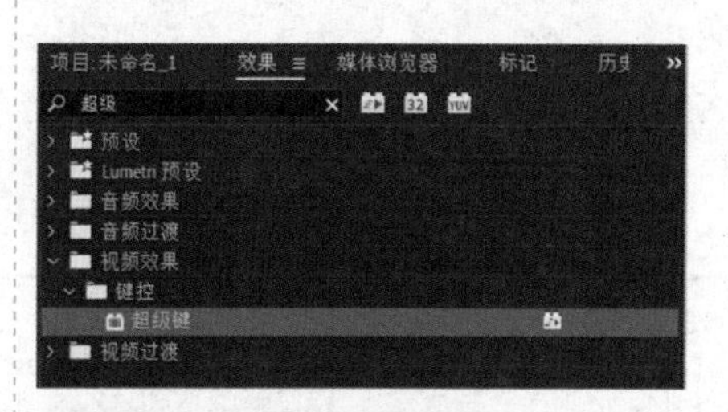

❷将 27058288_1920x1080.mov 视频素材拖至时间轴 V2 轨道上；在“效果”标签页中选择“视频效果”→“键控”→“超级键”选项，将其拖至时间轴轨道的 27058288_1920x1080.mov 视频素材上；在“效果控件”面板中，单击“超级键”→“主要颜色”参数下的“吸管”按钮，在绿幕背景上单击，拾取要抠除的背景颜色，完成抠像及合成操作。

❸在“超级键”属性下，若初次抠像的效果不理想，可调节“超级键”→“遮罩生成”→“基值”参数值，使抠像效果更加精确。

❹ 将 27031801.mp4 视频素材拖至 V1 轨道上；移动播放指示器到相应的位置，按“M”键做 3 处标记；在“节目”面板上单击“导出帧”按钮，将 3 处标记位置的画面以图片形式导出。

❺ 在“项目”面板中导出的帧图片上右击，在弹出的快捷菜单中选择“在 Adobe Photoshop 中编辑”命令，在 Photoshop 中进行复杂背景的抠像处理。

❻在 Photoshop 的“选择”菜单中选择“色彩范围”命令，取样颜色为绿色，Photoshop 将会自动选中画面中的动物主体；按“Delete”键删除背景；按“Ctrl+S”快捷键保存 Photoshop 文档并返回 PR。重复上述操作，完成其余帧图片的抠像操作。

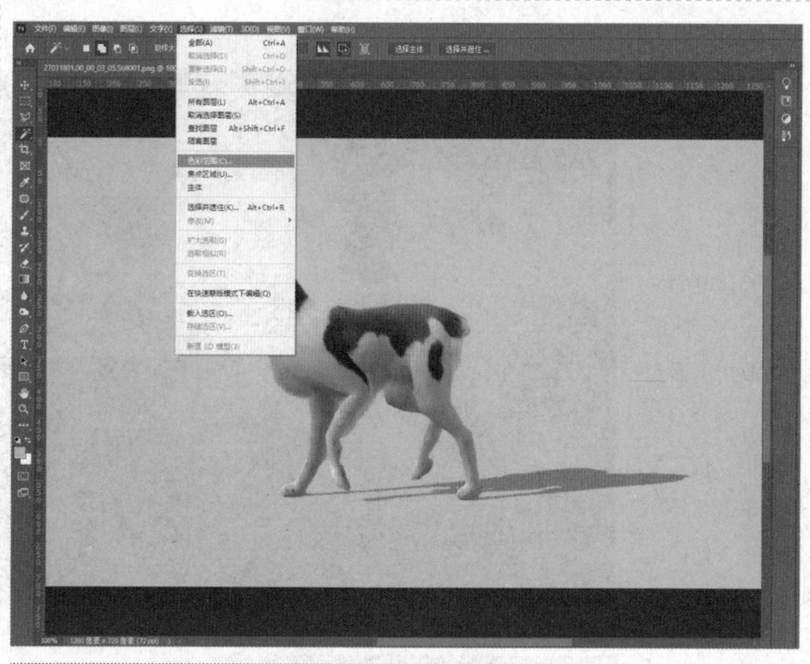

❼将 3 张已被抠像的图片拖至时间轴的 3 个轨道上，分别调整 3 个轨道上图片的“位置”“缩放”参数，如右图所示；在尾部对齐 3 处的“标记”点，完成“分身-合体”特效的制作。

任务评价

1. 自我评价

□ 学会使用“超级键”进行简单背景抠像

□ 学会使用“超级键”进行复杂背景抠像

□ 学会设置“超级键”→“遮罩生成”参数

□ 学会设置“超级键”→“主要颜色”参数

□ 学会使用“Photoshop+PR”进行复杂背景抠像

□ 学会“分身-合体”特效的制作方法

2. 教师评价

工作页完成情况：□ 优 □ 良 □ 合格 □ 不合格

任务六 撕纸转场

	学习领域：抠像制作	班级：	姓名：
		地点：	日期：

任务目标

1. 了解在 PR 2022 版本中已经取消“设置遮罩”特效；
2. 学会在 PR 的“嵌套”中使用“超级键”进行抠像；
3. 学会在 PR 中制作经典的撕纸转场动画效果；
4. 认识到软件版本的升级将带来一系列的技术演进。

任务导入

观摩 B 站等平台上用 PR 制作的经典“撕纸”动画，能在 PR 的各个版本中完成制作。

任务准备

准备一个撕纸动画素材。

任务实施

步骤	说明或截图
❶在 PR 中导入两个视频素材，将其拖至时间轴上，新建一个序列；准备用左边的撕纸视频素材制作撕纸转场动画效果。	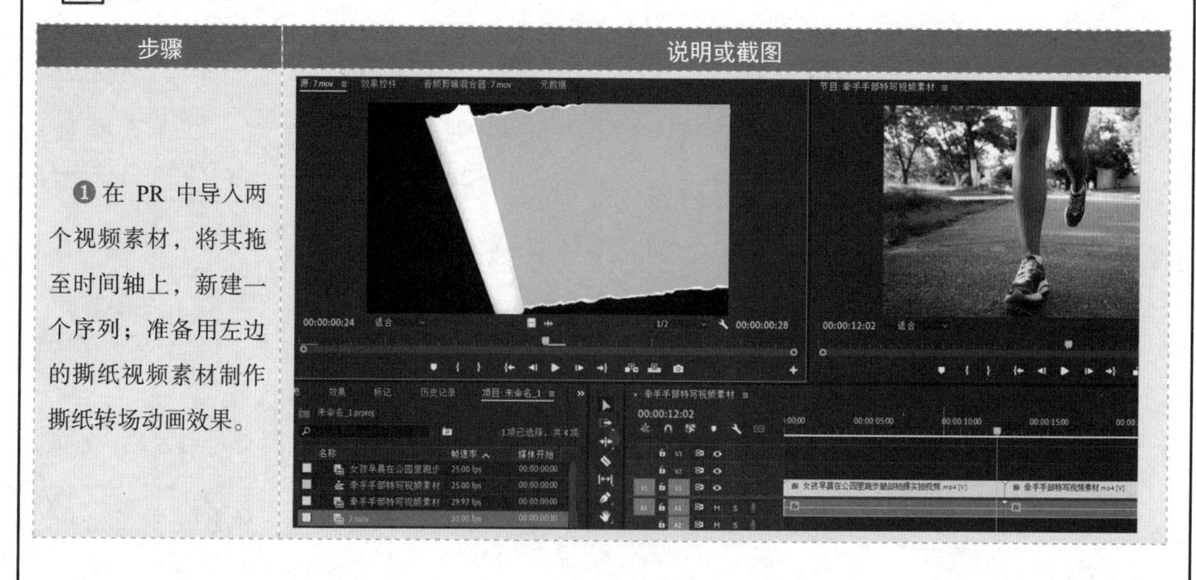

❷ 将撕纸视频素材拖至时间轴 V2 轨道上，与第 1 个视频素材的尾部对齐；选中 V1 轨道上的第 1 个视频素材和 V2 轨道并右击，在弹出的快捷菜单中选择“嵌套”命令，打开“嵌套序列名称”对话框，单击“确定”按钮。

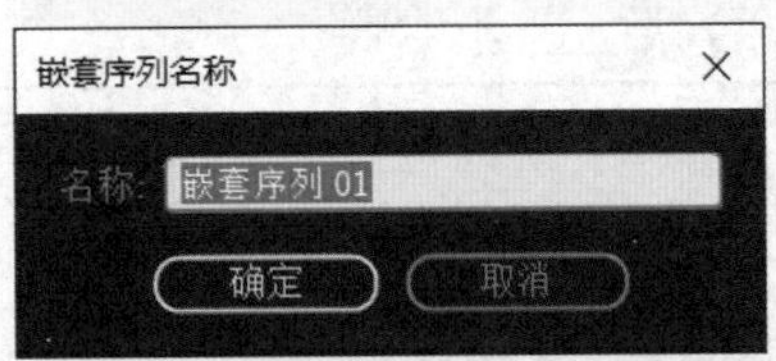

❸将时间轴上的第 2 个视频素材向前拖曳，与撕纸视频素材头部对齐，准备制作撕纸转场动画效果。

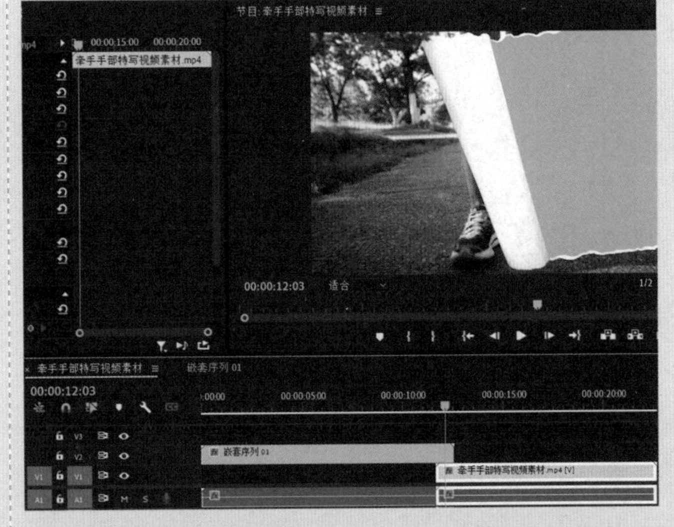

❹在“效果”标签页中选择“视频效果”→“键控”→“超级键”选项，将其应用于“嵌套”的视频上；单击“超级键”→“主要颜色”参数下的“吸管”按钮，在嵌套的绿幕上单击，完成撕纸转场动画效果的制作。

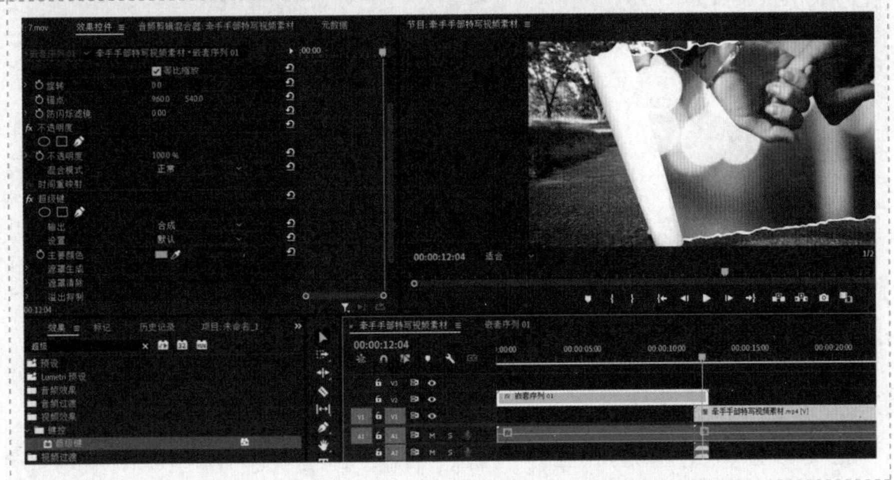

任务评价

1. 自我评价

□ 掌握“嵌套”的用法

□ 学会使用“超级键”进行抠像

□ 学会素材层叠转场的原理

□ 能对多组视频素材设置撕纸转场动画效果

2. 教师评价

工作页完成情况：□ 优 □ 良 □ 合格 □ 不合格

任务七　弹边动效

	学习领域：抠像制作	班级：	姓名：
		地点：	日期：

任务目标

1. 学会在 PR 中运用“查找边缘”效果；
2. 学会在 PR 中运用“色彩”效果；
3. 学会在 PR 中运用“变换”效果；
4. 认识到多个效果的组合使用可以创造出更加完美的作品。

任务导入

观摩 B 站等平台上带弹边的影视作品，学习其设计与制作手法。

任务准备

选用有人物运动的视频素材，如动画片等。

任务实施

步骤	说明或截图
❶在 PR 中导入一个视频素材并将其拖至时间轴上，新建一个序列；将播放指示器移至指定的位置，按“Ctrl+K”快捷键将其分割成两段；复制后面一段视频至 V2 轨道上。	

❷在“效果”标签页中选择“视频效果”→“风格化”→“查找边缘”选项，将其拖至时间轴V2轨道的素材上；在“效果控件”面板的“查找边缘”属性中，勾选“反转”复选框。

❸在“效果控件”面板中，将“不透明度”属性下的“混合模式”参数设置为“颜色减淡”。

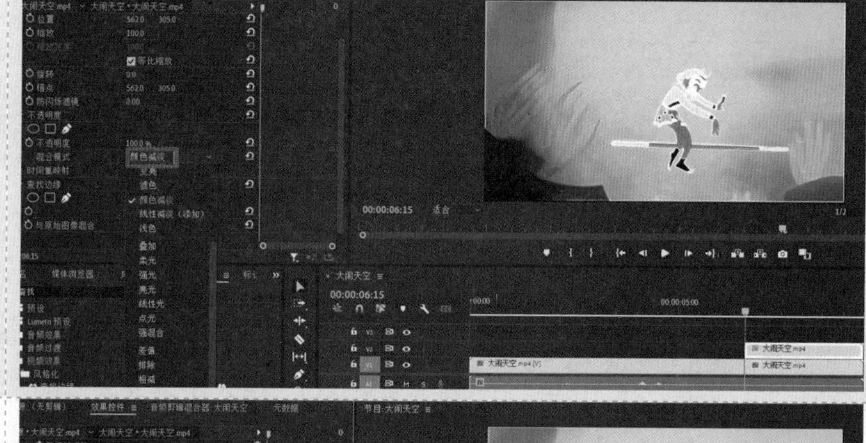

❹在“效果”标签页中选择“视频效果”→“颜色校正”→“色彩”选项，将其拖至时间轴V2轨道的素材上；将“效果控件”面板的“色彩”属性下的“将白色映射到”参数设置为指定的颜色。

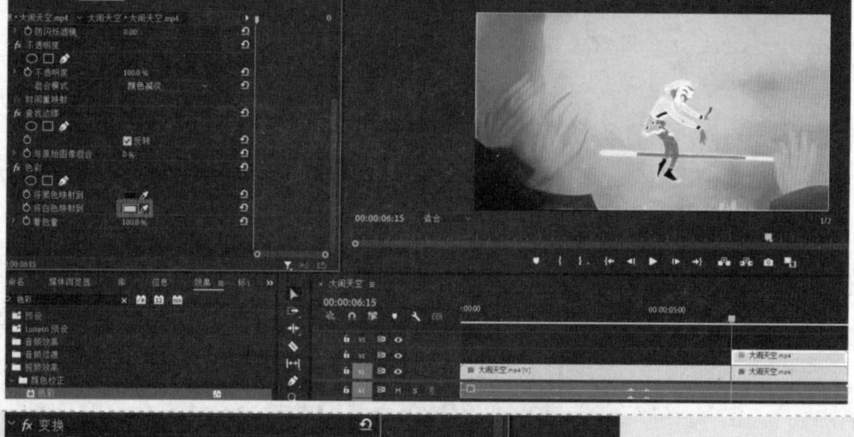

❺在“效果”标签页中选择“视频效果”→“扭曲”→“变换”选项，将其拖至时间轴V2轨道的素材上。

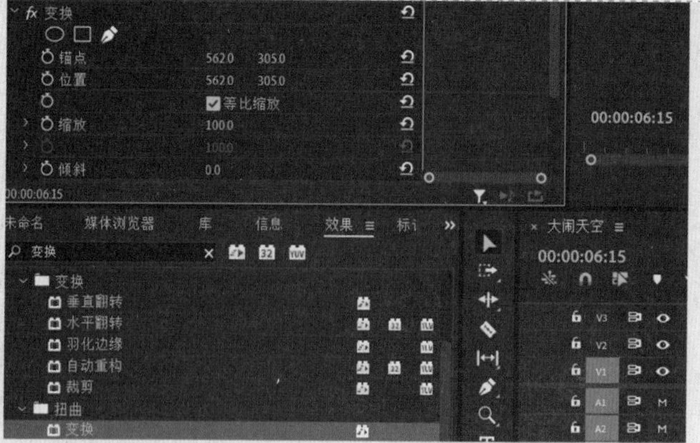

❻为“效果控件”面板中的“变换”→“缩放”参数设置两个关键帧；选中两个关键帧并右击，在弹出的快捷菜单中依次选择“缓入”“缓出”命令；调节速度曲线形状，使视频播放速度先慢后快，如右图所示。

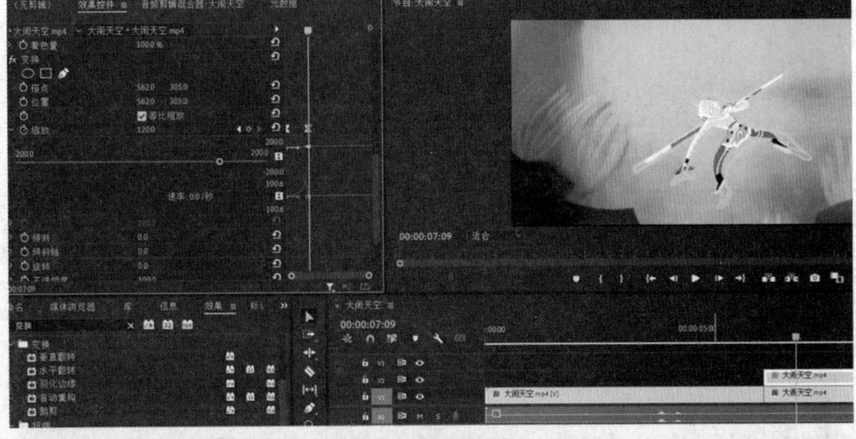

❼为“效果控件”面板中的“不透明度”参数设置两个关键帧；设置两个关键帧的值为100%～0%，完成弹边动效的制作。

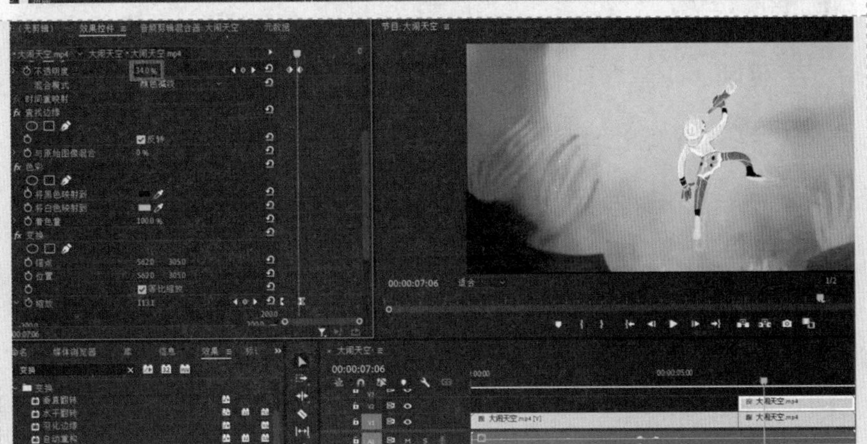

任务评价

1. 自我评价

☐ 掌握运用“查找边缘”效果勾勒对象轮廓的方法

☐ 学会轨道的混合模式的设定方法

☐ 学会“色彩”效果的设置方法

☐ 掌握“变换”效果的设置方法

☐ 掌握速度曲线的调整方法

☐ 学会综合运用多个效果

2. 教师评价

工作页完成情况：☐ 优 ☐ 良 ☐ 合格 ☐ 不合格

任务八　渐变填色

<table>
<tr><td rowspan="2"></td><td rowspan="2">学习领域：抠像制作</td><td>班级：</td><td>姓名：</td></tr>
<tr><td>地点：</td><td>日期：</td></tr>
</table>

任务目标

1. 理解从“灰度”到“彩色”的过渡原理；
2. 学会在 PR 中运用“黑白”效果；
3. 学会在 PR 中运用“颜色键”实现关键帧动画；
4. 探索其他对视频进行渐变填色的方法。

任务导入

观摩 B 站等平台上应用渐变填色效果的影视作品和模板，掌握此类艺术创作手法，进一步提高审美能力。

任务准备

选用色彩较丰富的视频素材。

任务实施

步骤	说明或截图
❶在 PR 中导入一个视频素材，将其拖至时间轴上，新建一个序列；按住“Alt”键并拖动 V1 轨道上的素材，将其复制到 V2 轨道上。	

❷在“效果”标签页中选择“视频效果”→“图像控制”→“黑白”选项，将其拖至 V1 轨道上，视频素材被转换为灰度。

❸在“效果”标签页中选择“视频效果”→“键控”→“颜色键”选项，将其拖至 V2 轨道上；单击“主要颜色”参数下的“吸管”按钮，吸取画面中的橙色，调整“颜色容差”的参数值为“255”，将视频素材转换为灰度。

❹在“效果控件”面板中，为“颜色键”→“颜色容差”参数设置两个关键帧，分别设置两个关键帧的值为“255”和“0”，渐变填色的动画效果制作完成。

❺在 PR 中为素材去色的方法有很多，方法之一是打开“颜色”标签页，设置“基本校正”→“饱和度”参数值为“0.0”。

任务评价

1. 自我评价

□ 学会使用“黑白”效果对素材进行“去色”处理

□ 学会使用“颜色键”对素材进行“去色”处理

□ 学会使用“饱和度”效果对素材进行“去色”处理

□ 学会使用“色彩”效果对素材进行“去色”处理

□ 学会使用“Color Replace”对素材进行“去色”处理

□ 学会通过设置“颜色容差”参数进行渐变填色

2. 教师评价

工作页完成情况：□ 优 □ 良 □ 合格 □ 不合格